高等代数选讲

王明军　主编

中国纺织出版社有限公司

内 容 提 要

本书主要内容包括：行列式、线性方程组、矩阵、多项式、二次型、线性空间、线性变换、欧氏空间、λ-矩阵等共九章。每章的内容划分为几个知识点以及几种类型的题目，使得知识结构清晰，重点题型突出，按照题目类型总结出解题方法，提高学生的解题能力。另外，在附录中作者还选取了部分高校近年的考研题目，便于大家参考学习。

本书可作为数学专业学生学习高等代数课程的辅导用书，也可以作为数学专业学生的专业选修课教材，同时还可以作为研究生入学考试的复习用书。

图书在版编目（CIP）数据

高等代数选讲/王明军主编. --北京：中国纺织出版社有限公司，2021.9

ISBN 978-7-5180-8682-5

Ⅰ. ①高… Ⅱ. ①王… Ⅲ. ①高等代数—高等学校—教材 Ⅳ. ①O15

中国版本图书馆 CIP 数据核字（2021）第 131678 号

责任编辑：郭　婷　　责任校对：楼旭红　　责任印制：储志伟

中国纺织出版社有限公司发行

地址：北京市朝阳区百子湾东里 A407 号楼　邮政编码：100124

销售电话：010—67004422　传真：010—87155801

http://www.c-textilep.com

中国纺织出版社天猫旗舰店

官方微博 http://weibo.com/2119887771

三河市宏盛印务有限公司印刷　各地新华书店经销

2021 年 9 月第 1 版第 1 次印刷

开本：787×1092　1/16　印张：8.5

字数：180 千字　定价：45.00 元

前　言

高等代数是数学专业的一门专业基础课程，它对于培养学生的抽象思维能力、逻辑推理能力、运算能力以及后续课程的学习具有重要的作用，也是数学专业学生研究生入学考试的必考课程。为了帮助学生复习高等代数课程的基本内容，提高解决高等代数问题的能力，适应日益激烈的考研竞争，渭南师范学院数学与统计学院开设了高等代数选讲这门课程，根据近几年开设高等代数选讲的教学经验，编写了本教材。

本书以北京大学数学系的《高等代数》教材为依据，按照高等代数的基本体系分为行列式、线性方程组、矩阵、多项式、二次型、线性空间、线性变换、欧氏空间、λ-矩阵共九章。每章分为几部分内容或者几个大的问题，每一部分先介绍相关的基本概念、基本理论等，然后是典型例题解析。这些典型例题基本上是近几年各高校的考研题目，通过对这些典型例题的解析，使学生能掌握高等代数的基本理论，总结出常用的解题方法，提高学生的解题技巧。最后给出几个相似或者有关的题目，供学生自我检测这个知识点的掌握情况。在附录中选取了部分高校近年的硕士研究生入学考试试题，便于大家参考练习。

本教材由渭南师范学院数学与统计学院王明军负责编写，几何与代数组的全体同志参与编写。本书的编写得到了渭南师范学院教务处和数学与统计学院领导陈斌、赵教练、戴磊的大力支持和帮助，在此一并表示衷心的感谢，同时，本书也得到了渭南师范学院“十三五”重大科研项目“基于数论的密码算法及云数据安全外包系统”的资助。由于时间仓促，加之作者水平有限，不当之处在所难免，敬请读者批评指正。

编　者

2021 年 1 月

目　录

第一章

行列式

一、行列式的概念

$$\begin{vmatrix} a_{11} & a_{12} & \cdots & a_{1n} \\ a_{21} & a_{22} & \cdots & a_{2n} \\ \vdots & \vdots & & \vdots \\ a_{n1} & a_{n2} & \cdots & a_{nn} \end{vmatrix} = \sum_{j_1 j_2 \cdots j_n} (-1)^{\tau(j_1 j_2 \cdots j_n)} a_{1 j_1} a_{2 j_2} \cdots a_{n j_n}.$$

二、行列式的性质

（1）行列互换，行列式不变.

（2）一行的公因子可以提出去，或者说以一数乘行列式的一行相当于用这个数乘此行列式.

（3）如果某一行是两组数的和，那么这个行列式就等于两个行列式的和，而这两个行列式除这一行以外全与原来行列式的对应的行一样.

（4）如果行列式中有两行相同，那么行列式为零. 所谓两行相同就是说两行的对应元素都相等.

（5）如果行列式中两行成比例，那么行列式为零.

（6）把一行的倍数加到另一行，行列式不变.

（7）对换行列式中两行的位置，行列式反号.

三、行列式的计算

1. 化三角形法

【例 1】计算行列式

$$D = \begin{vmatrix} x_1 - m & x_2 & \cdots & x_n \\ x_1 & x_2 - m & \cdots & x_n \\ \vdots & \vdots & & \vdots \\ x_1 & x_2 & \cdots & x_n - m \end{vmatrix}.$$

解：将行列式第 $2,3,\cdots,n$ 列都加到第 1 列，并提出公因子得

$$D=\left(\sum_{i=1}^{n}x_i-m\right)\begin{vmatrix}1 & x_2 & \cdots & x_n\\ 1 & x_2-m & \cdots & x_n\\ \vdots & \vdots & & \vdots\\ 1 & x_2 & \cdots & x_n-m\end{vmatrix}=\left(\sum_{i=1}^{n}x_i-m\right)\begin{vmatrix}1 & x_2 & \cdots & x_n\\ 0 & -m & \cdots & 0\\ \vdots & \vdots & & \vdots\\ 0 & 0 & \cdots & -m\end{vmatrix}=\left(\sum_{i=1}^{n}x_i-m\right)(-m)^{n-1}.$$

2．降级法（依行或列展开）

【例 2】计算行列式

$$D_n=\begin{vmatrix}\lambda & a & a & \cdots & a\\ b & \alpha & \beta & \cdots & \beta\\ b & \beta & \alpha & \cdots & \beta\\ \vdots & \vdots & \vdots & & \vdots\\ b & \beta & \beta & \cdots & \alpha\end{vmatrix}.$$

解：将行列式第 n 行乘以 -1 分别加到第 $2,3,\cdots,n-1$ 行，得

$$D_n=\begin{vmatrix}\lambda & a & a & \cdots & a & a\\ 0 & \alpha-\beta & 0 & \cdots & 0 & \beta-\alpha\\ 0 & 0 & \alpha-\beta & \cdots & 0 & \beta-\alpha\\ \vdots & \vdots & \vdots & & \vdots & \vdots\\ 0 & 0 & 0 & \cdots & \alpha-\beta & \beta-\alpha\\ b & \beta & \beta & \cdots & \beta & \alpha\end{vmatrix}.$$

再将第 $2,3,\cdots,n-1$ 列都加到第 n 列，得

$$D_n=\begin{vmatrix}\lambda & a & a & \cdots & a & (n-1)a\\ 0 & \alpha-\beta & 0 & \cdots & 0 & 0\\ 0 & 0 & \alpha-\beta & \cdots & 0 & 0\\ \vdots & \vdots & \vdots & & \vdots & \vdots\\ 0 & 0 & 0 & \cdots & \alpha-\beta & 0\\ b & \beta & \beta & \cdots & \beta & \alpha+(n-2)\beta\end{vmatrix}.$$

按第一列展开得

$$D_n=(\alpha-\beta)^{n-2}[\lambda\alpha+(n-2)\lambda\beta-(n-1)ab].$$

3．加边法

【例 3】计算行列式

$$D_n=\begin{vmatrix}1+a_1 & 1 & 1 & \cdots & 1\\ 1 & 1+a_2 & 1 & \cdots & 1\\ 1 & 1 & 1+a_3 & \cdots & 1\\ \vdots & \vdots & \vdots & & \vdots\\ 1 & 1 & 1 & \cdots & 1+a_n\end{vmatrix}.$$

解：利用加边法得

$$D_n=\begin{vmatrix}1&1&1&\cdots&1\\0&1+a_1&1&\cdots&1\\0&1&1+a_2&\cdots&1\\\vdots&\vdots&\vdots&&\vdots\\0&1&1&\cdots&1+a_n\end{vmatrix}=\begin{vmatrix}1&1&1&\cdots&1\\-1&a_1&0&\cdots&0\\-1&0&a_2&\cdots&0\\\vdots&\vdots&\vdots&&\vdots\\-1&0&0&\cdots&a_n\end{vmatrix}$$

$$=\begin{vmatrix}1+\sum_{i=1}^{n}\frac{1}{a_i}&1&1&\cdots&1\\0&a_1&0&\cdots&0\\0&0&a_2&\cdots&0\\\vdots&\vdots&\vdots&&\vdots\\0&0&0&\cdots&a_n\end{vmatrix}=\left(1+\sum_{i=1}^{n}\frac{1}{a_i}\right)a_1a_2\cdots a_n.$$

而当 $a_1a_2\cdots a_n=0$ 时，分为只有一个因子为零或至少有两个因子为零，可得同样的结果.

【练习】 $D=\begin{vmatrix}0&a_1+a_2&\cdots&a_1+a_n\\a_2+a_1&0&\cdots&a_2+a_n\\\vdots&\vdots&&\vdots\\a_n+a_1&a_n+a_2&\cdots&0\end{vmatrix},(a_1a_2\cdots a_n\neq 0).$

4．利用范德蒙行列式计算

【例 4】 计算行列式

$$D_n=\begin{vmatrix}1&1&\cdots&1\\x_1&x_2&\cdots&x_n\\x_1^2&x_2^2&\cdots&x_n^2\\\vdots&\vdots&&\vdots\\x_1^{n-2}&x_2^{n-2}&\cdots&x_n^{n-2}\\x_1^n&x_2^n&\cdots&x_n^n\end{vmatrix}.$$

解：作如下行列式，使之配成范德蒙行列式

$$P(y)=\begin{vmatrix}1&1&\cdots&1&1\\x_1&x_2&\cdots&x_n&y\\x_1^2&x_2^2&\cdots&x_n^2&y^2\\\vdots&\vdots&&\vdots&\vdots\\x_1^{n-2}&x_2^{n-2}&\cdots&x_n^{n-2}&y^{n-2}\\x_1^{n-1}&x_2^{n-1}&\cdots&x_n^{n-1}&y^{n-1}\\x_1^n&x_2^n&\cdots&x_n^n&y^n\end{vmatrix}=\prod_{i=1}^{n}(y-x_i)\prod_{1\leqslant j<i\leqslant n}(x_i-x_j).$$

易知 D_n 等于 $P(y)$ 中 y^{n-1} 的系数的相反数,而 $P(y)$ 中 y^{n-1} 的系数为

$$-\sum_{k=1}^{n} x_k \prod_{1\leqslant j<i\leqslant n}(x_i - x_j),$$

因此,$D_n = \sum_{k=1}^{n} x_k \prod_{1\leqslant j<i\leqslant n}(x_i - x_j)$.

【练习】计算行列式 $D=\begin{vmatrix} 1 & 1 & 1 & 1 \\ a & b & c & d \\ a^2 & b^2 & c^2 & d^2 \\ a^4 & b^4 & c^4 & d^4 \end{vmatrix}$.

5. **拆项法**

【例 5】计算行列式

$$D_n = \begin{vmatrix} x & a & a & \cdots & a & a \\ -a & x & a & \cdots & a & a \\ -a & -a & x & \cdots & a & a \\ \vdots & \vdots & \vdots & & \vdots & \vdots \\ -a & -a & -a & \cdots & -a & x \end{vmatrix}.$$

解:按第一列将 D_n 拆成两个行列式相加,再将其中第二个行列式的第一行加至其余各行,得

$$D_n = \begin{vmatrix} x-a & a & a & \cdots & a & a \\ 0 & x & a & \cdots & a & a \\ 0 & -a & x & \cdots & a & a \\ \vdots & \vdots & \vdots & & \vdots & \vdots \\ 0 & -a & -a & \cdots & -a & x \end{vmatrix} + \begin{vmatrix} a & a & a & \cdots & a & a \\ -a & x & a & \cdots & a & a \\ -a & -a & x & \cdots & a & a \\ \vdots & \vdots & \vdots & & \vdots & \vdots \\ -a & -a & -a & \cdots & -a & x \end{vmatrix}$$

$$= (x-a)D_{n-1} + a(x+a)^{n-1}.$$

又 $D_n = (x+a)D_{n-1} + a(x-a)^{n-1}$.

当 $a \neq 0$, $D_n = \dfrac{(x+a)^n + (x-a)^n}{2}$;当 $a=0$, 以上结论也成立.

6. **数学归纳法**

【例 6】计算行列式

$$D_n = \begin{vmatrix} \cos\alpha & 1 & 0 & \cdots & 0 & 0 \\ 1 & 2\cos\alpha & 1 & \cdots & 0 & 0 \\ 0 & 1 & 2\cos\alpha & \cdots & 0 & 0 \\ \vdots & \vdots & \vdots & & \vdots & \vdots \\ 0 & 0 & 0 & \cdots & 2\cos\alpha & 1 \\ 0 & 0 & 0 & \cdots & 1 & 2\cos\alpha \end{vmatrix}.$$

解：$D_1=\cos\alpha, D_2=\cos 2\alpha$，于是，猜想 $D_n=\cos n\alpha$.

证明：用第二数学归纳法证明.

$n=1$时，结论成立.假设对级数小于n时，结论成立.将n级行列式按第n行展开，有

$$D_n=2\cos\alpha\cdot D_{n-1}+(-1)^{2n-1}\cdot\begin{vmatrix}\cos\alpha & 1 & 0 & \cdots & 0 & 0\\ 1 & 2\cos\alpha & 1 & \cdots & 0 & 0\\ 0 & 1 & 2\cos\alpha & \cdots & 0 & 0\\ \vdots & \vdots & \vdots & & \vdots & \vdots\\ 0 & 0 & 0 & \cdots & 2\cos\alpha & 0\\ 0 & 0 & 0 & \cdots & 1 & 1\end{vmatrix}$$

$$\begin{aligned}&=2\cos\alpha\cdot D_{n-1}+(-1)^{2n-1}D_{n-2}\\&=2\cos\alpha\cdot\cos(n-1)\alpha+(-1)^{2n-1}\cos(n-2)\alpha\\&=2\cos\alpha\cdot\cos(n-1)\alpha-\cos(n-1)\alpha\cos\alpha-\sin(n-1)\alpha\sin\alpha\\&=\cos[(n-1)\alpha+\alpha]=\cos n\alpha.\end{aligned}$$

由数学归纳法知，结论成立.

7．递推法

利用已给行列式的特点，建立起同类型的n级行列式和$n-1$级或更低级行列式之间的关系式，称为递推公式.

【例 7】计算行列式

$$D_n=\begin{vmatrix}\alpha+\beta & \alpha\beta & 0 & \cdots & 0 & 0\\ 1 & \alpha+\beta & \alpha\beta & \cdots & 0 & 0\\ 0 & 1 & \alpha+\beta & \cdots & 0 & 0\\ \vdots & \vdots & \vdots & & \vdots & \vdots\\ 0 & 0 & 0 & \cdots & \alpha+\beta & \alpha\beta\\ 0 & 0 & 0 & \cdots & 1 & \alpha+\beta\end{vmatrix}.$$

解：将行列式按第n列展开,有

$$D_n=(\alpha+\beta)D_{n-1}-\alpha\beta D_{n-2},$$

$$D_n-\alpha D_{n-1}=\beta(D_{n-1}-\alpha D_{n-2}),$$

$$D_n-\beta D_{n-1}=\alpha(D_{n-1}-\beta D_{n-2}),$$

得　$D_n-\alpha D_{n-1}=\beta^2(D_{n-2}-\alpha D_{n-3})=\cdots=\beta^{n-2}(D_2-\alpha D_1)=\beta^n$.

同理得　$D_n-\beta D_{n-1}=\alpha^n$，

$$D_n=\begin{cases}(n+1)\alpha^n, & \alpha=\beta;\\ \dfrac{\alpha^{n+1}-\beta^{n+1}}{\alpha-\beta}, & \alpha\neq\beta.\end{cases}$$

8．行列式乘法规则

【例 8】 设 $s_k=x_1^k+x_2^k+\cdots+x_n^k,k=0,1,2,\cdots$.

证明：$D=\begin{vmatrix} s_0 & s_1 & \cdots & s_{n-1} \\ s_1 & s_2 & \cdots & s_n \\ \vdots & \vdots & & \vdots \\ s_{n-1} & s_n & \cdots & s_{2n-2} \end{vmatrix}=\prod\limits_{1\leqslant i<j\leqslant n}(x_i-x_j)^2$.

证明： 由 s_k 的定义、行列式乘法规则和范德蒙行列式知

$$D=\begin{vmatrix} 1 & 1 & \cdots & 1 \\ x_1 & x_2 & \cdots & x_n \\ \vdots & \vdots & & \vdots \\ x_1^{n-1} & x_2^{n-1} & \cdots & x_n^{n-1} \end{vmatrix}\cdot\begin{vmatrix} 1 & x_1 & \cdots & x_1^{n-1} \\ 1 & x_2 & \cdots & x_2^{n-1} \\ \vdots & \vdots & & \vdots \\ 1 & x_n & \cdots & x_n^{n-1} \end{vmatrix}$$

$$=\prod_{1\leqslant i<j\leqslant n}(x_j-x_i)\prod_{1\leqslant i<j\leqslant n}(x_j-x_i)=\prod_{1\leqslant i<j\leqslant n}(x_i-x_j)^2.$$

9．拉普拉斯定理

【例 9】 计算行列式

$$D_{2n}=\begin{vmatrix} a_n & & & & & & b_n \\ & a_{n-1} & & & & b_{n-1} & \\ & & \ddots & & \cdot^{\cdot^{\cdot}} & & \\ & & & a_1 \quad b_1 & & & \\ & & & c_1 \quad d_1 & & & \\ & & \cdot^{\cdot^{\cdot}} & & \ddots & & \\ & c_{n-1} & & & & d_{n-1} & \\ c_n & & & & & & d_n \end{vmatrix}.$$

解： 按第 $1,2n$ 行展开，得

$$D_{2n}=\begin{vmatrix} a_n & b_n \\ c_n & d_n \end{vmatrix}(-1)^{1+2n+1+2n}\begin{vmatrix} a_{n-1} & & & & b_{n-1} \\ & \ddots & & \cdot^{\cdot^{\cdot}} & \\ & & a_1 \quad b_1 & & \\ & & c_1 \quad d_1 & & \\ & \cdot^{\cdot^{\cdot}} & & \ddots & \\ c_{n-1} & & & & d_{n-1} \end{vmatrix}=(a_nd_n-b_nc_n)D_{2(n-1)}$$

$$D_{2n}=(a_nd_n-b_nc_n)D_{2(n-1)}=(a_nd_n-b_nc_n)(a_{n-1}d_{n-1}-b_{n-1}c_{n-1})D_{2(n-2)}=\cdots$$

$$=(a_nd_n-b_nc_n)(a_{n-1}d_{n-1}-b_{n-1}c_{n-1})\cdots(a_1d_1-b_1c_1).$$

10．利用结论

【例 10】设 $\boldsymbol{A},\boldsymbol{B}$ 分别是 $n\times m$ 和 $m\times n$ 矩阵，$\boldsymbol{I}_k$ 是 k 阶单位矩阵.

（1）求证：$|\boldsymbol{I}_n-\boldsymbol{AB}|=|\boldsymbol{I}_m-\boldsymbol{BA}|$.

（2）$D_n=\begin{vmatrix}1+a_1+x_1 & a_1+x_2 & \cdots & a_1+x_n\\ a_2+x_1 & 1+a_2+x_2 & \cdots & a_2+x_n\\ \vdots & \vdots & & \vdots\\ a_n+x_1 & a_n+x_2 & \cdots & 1+a_n+x_n\end{vmatrix}$.

证明：（1）由 $\begin{pmatrix}\boldsymbol{I}_m & \boldsymbol{O}\\ -\boldsymbol{A} & \boldsymbol{I}_n\end{pmatrix}\begin{pmatrix}\boldsymbol{I}_m & \boldsymbol{B}\\ \boldsymbol{A} & \boldsymbol{I}_n\end{pmatrix}=\begin{pmatrix}\boldsymbol{I}_m & \boldsymbol{B}\\ \boldsymbol{O} & \boldsymbol{I}_n-\boldsymbol{AB}\end{pmatrix}$,可知

$$|\boldsymbol{I}_n-\boldsymbol{AB}|=\begin{vmatrix}\boldsymbol{I}_m & \boldsymbol{B}\\ \boldsymbol{O} & \boldsymbol{I}_n-\boldsymbol{AB}\end{vmatrix}=\begin{vmatrix}\boldsymbol{I}_m & \boldsymbol{O}\\ -\boldsymbol{A} & \boldsymbol{I}_n\end{vmatrix}\begin{vmatrix}\boldsymbol{I}_m & \boldsymbol{B}\\ \boldsymbol{A} & \boldsymbol{I}_n\end{vmatrix}=\begin{vmatrix}\boldsymbol{I}_m & \boldsymbol{B}\\ \boldsymbol{A} & \boldsymbol{I}_n\end{vmatrix}.$$

又由 $\begin{pmatrix}\boldsymbol{I}_m & \boldsymbol{B}\\ \boldsymbol{A} & \boldsymbol{I}_n\end{pmatrix}\begin{pmatrix}\boldsymbol{I}_m & \boldsymbol{O}\\ -\boldsymbol{A} & \boldsymbol{I}_n\end{pmatrix}=\begin{pmatrix}\boldsymbol{I}_m-\boldsymbol{BA} & \boldsymbol{B}\\ \boldsymbol{O} & \boldsymbol{I}_n\end{pmatrix}$,得

$$|\boldsymbol{I}_m-\boldsymbol{BA}|=\begin{vmatrix}\boldsymbol{I}_m-\boldsymbol{BA} & \boldsymbol{B}\\ \boldsymbol{O} & \boldsymbol{I}_n\end{vmatrix}=\begin{vmatrix}\boldsymbol{I}_m & \boldsymbol{B}\\ \boldsymbol{A} & \boldsymbol{I}_n\end{vmatrix}\begin{vmatrix}\boldsymbol{I}_m & \boldsymbol{O}\\ -\boldsymbol{A} & \boldsymbol{I}_n\end{vmatrix}=\begin{vmatrix}\boldsymbol{I}_m & \boldsymbol{B}\\ \boldsymbol{A} & \boldsymbol{I}_n\end{vmatrix}.$$

所以，$|\boldsymbol{I}_n-\boldsymbol{AB}|=|\boldsymbol{I}_m-\boldsymbol{BA}|$.

（2）由（1）得 $|\boldsymbol{I}_n+\boldsymbol{AB}|=|\boldsymbol{I}_n-(-\boldsymbol{AB})|=|\boldsymbol{I}_m-(-\boldsymbol{BA})|=|\boldsymbol{I}_m+\boldsymbol{BA}|$.

利用以上结论可得

$$D_n=\begin{vmatrix}1+a_1+x_1 & a_1+x_2 & \cdots & a_1+x_n\\ a_2+x_1 & 1+a_2+x_2 & \cdots & a_2+x_n\\ \vdots & \vdots & & \vdots\\ a_n+x_1 & a_n+x_2 & \cdots & 1+a_n+x_n\end{vmatrix}=\left|\boldsymbol{I}_n+\begin{pmatrix}a_1+x_1 & a_1+x_2 & \cdots & a_1+x_n\\ a_2+x_1 & a_2+x_2 & \cdots & a_2+x_n\\ \vdots & \vdots & & \vdots\\ a_n+x_1 & a_n+x_2 & \cdots & a_n+x_n\end{pmatrix}\right|$$

$$=\left|\boldsymbol{I}_n+\begin{pmatrix}a_1 & 1\\ a_2 & 1\\ \vdots & \vdots\\ a_n & 1\end{pmatrix}\begin{pmatrix}1 & 1 & \cdots & 1\\ x_1 & x_2 & \cdots & x_n\end{pmatrix}\right|=\left|\boldsymbol{I}_2+\begin{pmatrix}1 & 1 & \cdots & 1\\ x_1 & x_2 & \cdots & x_n\end{pmatrix}\begin{pmatrix}a_1 & 1\\ a_2 & 1\\ \vdots & \vdots\\ a_n & 1\end{pmatrix}\right|$$

$$=\begin{vmatrix}1+\sum_{i=1}^{n}a_i & n\\ \sum_{i=1}^{n}a_ix_i & 1+\sum_{i=1}^{n}x_i\end{vmatrix}=\left(1+\sum_{i=1}^{n}a_i\right)\left(1+\sum_{i=1}^{n}x_i\right)-n\sum_{i=1}^{n}a_ix_i.$$

四、行列式的应用

克拉默法则

如果线性方程组 $\begin{cases} a_{11}x_1+a_{12}x_2+\cdots+a_{1n}x_n=b_1 \\ a_{21}x_1+a_{22}x_2+\cdots+a_{2n}x_n=b_2 \\ \cdots\cdots\cdots\cdots \\ a_{n1}x_1+a_{n2}x_2+\cdots+a_{nn}x_n=b_n \end{cases}$ 的系数矩阵 $\boldsymbol{A}$ 的行列式

$d=|\boldsymbol{A}|\neq 0$，那么线性方程组有解，并且解是唯一的，解可以通过系数表为

$$x_1=\frac{d_1}{d}\ ,\ x_2=\frac{d_2}{d}\ ,\ \cdots,\ x_n=\frac{d_n}{d},$$

其中 d_j 是把矩阵 $\boldsymbol{A}$ 中第 j 列换成常数项 $b_1,b_2,\cdots,b_n$ 所成的矩阵的行列式.

【例 11】 设 $a_1,a_2,\cdots,a_n$ 是数域 P 中互不相同的数，$b_1,b_2,\cdots,b_n$ 是数域 P 中任意给定的一组数，用克拉默法则证明：存在唯一的数域 P 上的多项式 $f(x)=c_0x^{n-1}+c_1x^{n-2}+\cdots+c_{n-1}$，使 $f(a_i)=b_i,i=1,2,\cdots,n$.

证明：由 $f(a_i)=b_i,i=1,2,\cdots,n$,得

$$\begin{cases} c_0a_1^{n-1}+c_1a_1^{n-2}+\cdots+c_{n-1}=b_1 \\ c_0a_2^{n-1}+c_1a_2^{n-2}+\cdots+c_{n-1}=b_2 \\ \cdots\cdots\cdots\cdots \\ c_0a_n^{n-1}+c_1a_n^{n-2}+\cdots+c_{n-1}=b_n \end{cases}$$

将它看作 $c_0,c_1,\cdots,c_{n-1}$ 的线性方程组，系数行列式经过有限次换列可化为范德蒙行列式，有题设 $a_1,a_2,\cdots,a_n$ 是互不相同的数，所以系数行列式 $D\neq 0$，由克拉默法则 $c_0,c_1,\cdots,c_{n-1}$ 有唯一解，故所求多项式唯一.

五、代数余子式

行列式的代数余子式求和问题通常是利用行列式元素的代数余子式与此元素无关的特点改变行列式的元素，然后利用行列式的展开定理处理.

【例 12】 已知 $D=\begin{vmatrix} a_1 & a_2 & a_3 & a_4 \\ a_2 & a_2 & a_4 & a_5 \\ a_3 & a_2 & a_5 & a_6 \\ a_4 & a_2 & a_6 & a_7 \end{vmatrix}$,计算 $A_{13}+A_{23}+A_{33}+A_{43}$.

解：将 $A_{13}+A_{23}+A_{33}+A_{43}$ 改写成 $1\cdot A_{13}+1\cdot A_{23}+1\cdot A_{33}+1\cdot A_{43}$,理解成将行列式的第 3 列全换成 1 后按第 3 列展开而得到的，于是

$$A_{13}+A_{23}+A_{33}+A_{43}=\begin{vmatrix} a_1 & a_2 & 1 & a_4 \\ a_2 & a_2 & 1 & a_5 \\ a_3 & a_2 & 1 & a_6 \\ a_4 & a_2 & 1 & a_7 \end{vmatrix}=0.$$

【例 13】 设 $D=\begin{vmatrix} 1 & 1 & 1 & \cdots & 1 \\ 0 & 1 & 1 & \cdots & 1 \\ 0 & 0 & 1 & \cdots & 1 \\ \vdots & \vdots & \vdots & & \vdots \\ 0 & 0 & 0 & \cdots & 1 \end{vmatrix}$,求所有元素的代数余子式之和.

解：注意到最后一列元素全为 1，利用行列式展开公式可得

$$A_{1k}+A_{2k}+\cdots+A_{nk}=\begin{cases} 0, k\neq n \\ |\mathrm{D}|, k=n \end{cases}.$$

从而 $\sum_{i=1}^{n}\sum_{j=1}^{n}A_{ij}=0+0+\cdots+0+1=1.$

另一解法：令 $\boldsymbol{A}=\begin{pmatrix} 1 & 1 & 1 & \cdots & 1 \\ 0 & 1 & 1 & \cdots & 1 \\ 0 & 0 & 1 & \cdots & 1 \\ \vdots & \vdots & \vdots & & \vdots \\ 0 & 0 & 0 & \cdots & 1 \end{pmatrix}$,显然 $\boldsymbol{A}$ 可逆，可求得

$$\boldsymbol{A}^{-1}=\begin{pmatrix} 1 & -1 & 0 & \cdots & 0 \\ 0 & 1 & -1 & \cdots & 0 \\ \vdots & \vdots & \vdots & & \vdots \\ 0 & 0 & 0 & \cdots & -1 \\ 0 & 0 & 0 & \cdots & 1 \end{pmatrix}.$$

由 $\boldsymbol{A}^*=|\boldsymbol{A}|\boldsymbol{A}^{-1}$ 可得 $\sum_{i=1}^{n}\sum_{j=1}^{n}A_{ij}=n-(n-1)=1.$

【例 14】 计算 $n+1$ 阶行列式

$$D_{n+1}=\begin{vmatrix} a_0 & 1 & 1 & \cdots & 1 \\ 1 & a_1 & 0 & \cdots & 0 \\ 1 & 0 & a_2 & \cdots & 0 \\ \vdots & \vdots & \vdots & & \vdots \\ 1 & 0 & 0 & \cdots & a_n \end{vmatrix},(a_1a_2\cdots a_n\neq 0).$$

解：爪形行列式可以直接利用性质化为三角形行列式来计算，即利用对角元素将一

条边消为零.

$$D_{n+1}=\begin{vmatrix} a_0-\frac{1}{a_1}-\frac{1}{a_2}-\cdots-\frac{1}{a_n} & 1 & 1 & \cdots & 1 \\ & a_1 & & & \\ & & a_2 & & \\ & & & \ddots & \\ & & & & a_n \end{vmatrix}=\prod_{i=1}^{n}a_i\left(a_0-\sum_{i=1}^{n}\frac{1}{a_i}\right).$$

【例 15】 计算n阶行列式

$$D_n=\begin{vmatrix} 0 & 1 & 0 & \cdots & 0 & 0 \\ 1 & 0 & 1 & \cdots & 0 & 0 \\ 0 & 1 & 0 & \cdots & 0 & 0 \\ \vdots & \vdots & \vdots & & \vdots & \vdots \\ 0 & 0 & 0 & \cdots & 0 & 1 \\ 0 & 0 & 0 & \cdots & 1 & 0 \end{vmatrix}.$$

解：三对角行列式可直接展开得到两项递推关系 $D_n=\alpha D_{n-1}+\beta D_{n-2}$. 设 $D_n=x^n$，代入 $D_n-\alpha D_{n-1}-\beta D_{n-2}=0$ 得 $x^n-\alpha x^{n-1}-\beta x^{n-2}=0$. 因此有 $x^2-\alpha x-\beta=0$，求出 x_1 和 x_2，若 $x_1\neq x_2$，则 $D_n=k_1x_1^n+k_2x_2^n$，取 $n=1$ 和 $n=2$ 来确定；若 $x_1=x_2$，$D_n=(k_1+k_2n)x^n$.

按第 1 行展开得 $D_n=-D_{n-2}$，作特征方程 $x^2+1=0$，解得 $x_1=i,x_2=-i$，当 $n=1$ 时，$D_1=0$，代入得 $k_1+k_2=0$；当 $n=2$ 时，$D_2=-1$，代入得 $ik_1-ik_2=-1$.

联立得 $k_1=\frac{1}{2}i,k_2=-\frac{1}{2}i$. 故 $D_n=\frac{1}{2}[i^n+(-1)^n]$.

2020 年考研真题

1．计算 $n-1$阶行列式

$$D_{n-1}=\begin{vmatrix} 2^n-2 & 2^{n-1}-2 & \cdots & 2^2-2 \\ 3^n-3 & 3^{n-1}-3 & \cdots & 3^2-3 \\ \vdots & \vdots & & \vdots \\ n^n-n & n^{n-1}-n & \cdots & n^2-n \end{vmatrix}.$$（2020 年北京邮电大学）

2．求n阶行列式

$$\begin{vmatrix} x_1-m & x_2 & \cdots & x_n \\ x_1 & x_2-m & \cdots & x_n \\ \vdots & \vdots & & \vdots \\ x_1 & x_2 & \cdots & x_n-m \end{vmatrix}.$$（2020 年西北大学）

3．已知 a_{ij} 都是整数，证明

$$\begin{vmatrix} a_{11}-\frac{1}{2} & a_{12} & \cdots & a_{1n} \\ a_{21} & a_{22}-\frac{1}{2} & \cdots & a_{2n} \\ \vdots & \vdots & & \vdots \\ a_{n1} & a_{n2} & \cdots & a_{nn}-\frac{1}{2} \end{vmatrix} \neq 0.$$（2020 年西北大学）

4．计算

$$\begin{vmatrix} a_1+x & a_2 & a_3 & a_4 \\ a_1 & a_2+x & a_3 & a_4 \\ a_1 & a_2 & a_3+x & a_4 \\ a_1 & a_2 & a_3 & a_4+x \end{vmatrix} = 0$$的全部解.（2020 年陕西师范大学）

5．已知 n 阶行列式

$$\begin{vmatrix} 1 & 2 & \cdots & n \\ x_1+1 & x_2+1 & \cdots & x_n+1 \\ x_1^2+2x_1 & x_2^2+2x_2 & \cdots & x_n^2+2x_n \\ \vdots & \vdots & & \vdots \\ x_1^{n-1}+(n-1)x_1^{n-2} & x_2^{n-1}+(n-1)x_2^{n-2} & \cdots & x_n^{n-1}+(n-1)x_n^{n-2} \end{vmatrix},$$

求 $A_{11}+A_{12}+\cdots+A_{1n}$.（2020 年北京工业大学）

6．计算 n 阶行列式

$$D_n = \begin{vmatrix} a^2+ab & a^2b & 0 & \cdots & 0 & 0 \\ 1 & a+b & ab & \cdots & 0 & 0 \\ 0 & 1 & a+b & \cdots & 0 & 0 \\ \vdots & \vdots & \vdots & & \vdots & \vdots \\ 0 & 0 & 0 & \cdots & a+b & ab \\ 0 & 0 & 0 & \cdots & 1 & a+b \end{vmatrix}.$$（2020 年北京科技大学）

第二章

线性方程组

本章包括两部分内容：线性方程组和向量组．线性方程组包括四个问题：有解的判别条件、解的个数、求解以及解的结构．向量组包括三个问题：向量组的相关与无关、向量组的极大无关组与秩、矩阵的秩．

一、消元法

（1）数域 P 上矩阵的初等行变换是指下列三种变换：

①以 P 中一个非零的数乘矩阵的某一行；

②把矩阵的某一行的 c 倍加到另一行，这里 c 是 P 中任意一个数；

③互换矩阵中两行的位置．

（2）将增广矩阵用初等行变换化为阶梯形矩阵，进而化为行最简形．

$$\begin{pmatrix} 1 & 0 & \cdots & 0 & c_{1,r+1} & \cdots & c_{1,n} & d_1 \\ 0 & 1 & \cdots & 0 & c_{2,r+1} & \cdots & c_{2,n} & d_2 \\ \vdots & \vdots & & \vdots & \vdots & & \vdots & \vdots \\ 0 & 0 & \cdots & 1 & c_{r,r+1} & \cdots & c_{r,n} & d_r \\ 0 & 0 & \cdots & 0 & 0 & \cdots & 0 & d_{r+1} \\ 0 & 0 & \cdots & 0 & 0 & \cdots & 0 & 0 \\ \vdots & \vdots & & \vdots & \vdots & & \vdots & \vdots \\ 0 & 0 & \cdots & 0 & 0 & \cdots & 0 & 0 \end{pmatrix},$$

于是，当 $d_{r+1} \neq 0$ 时，$r(\boldsymbol{B}) = r+1$，即 $r(\boldsymbol{B}) \neq r(\boldsymbol{A})$，方程组 $\boldsymbol{Ax} = \boldsymbol{b}$ 无解；当 $d_{r+1} = 0$ 时，即 $r(\boldsymbol{B}) = r(\boldsymbol{A}) = r$，方程组 $\boldsymbol{Ax} = \boldsymbol{b}$ 有解．

求解：保留主未知量 $x_1, x_2, \cdots, x_r$ 在等号左边，而将自由未知量 $x_{r+1}, \cdots, x_n$ 移到等号右边．

【例 1】解线性方程组

$$\begin{cases} 2x_1 - x_2 + 4x_3 - 3x_4 = -4 \\ x_1 + x_3 - x_4 = -3 \\ 3x_1 + x_2 + x_3 = 1 \\ 7x_1 + 7x_3 - 3x_4 = 3 \end{cases}.$$

解：用初等行变换化增广矩阵为阶梯形

$$B=\begin{pmatrix}2&-1&4&-3&-4\\1&0&1&-1&-3\\3&1&1&0&1\\7&0&7&-3&3\end{pmatrix}\to\begin{pmatrix}1&0&1&0&3\\0&1&-2&0&-8\\0&0&0&1&6\\0&0&0&0&0\end{pmatrix}.$$

对应同解方程组为$\begin{cases}x_1=3-x_3\\x_2=-8+2x_3\\x_4=6\end{cases}$，通解为$\begin{pmatrix}x_1\\x_2\\x_3\\x_4\end{pmatrix}=\begin{pmatrix}3\\-8\\0\\6\end{pmatrix}+k\begin{pmatrix}-1\\2\\1\\0\end{pmatrix}$（$k$为任意常数）.

二、线性方程组有解的判别及解的结构

（1）有解的充要条件是它的系数矩阵与增广矩阵有相同的秩.

（2）线性方程组的解的个数：

① 当秩（$\boldsymbol{A}$）=秩（$\boldsymbol{B}$）$=n$，方程组$\boldsymbol{Ax}=\boldsymbol{b}$有唯一解；

② 当秩（$\boldsymbol{A}$）=秩（$\boldsymbol{B}$）$=r<n$，方程组$\boldsymbol{Ax}=\boldsymbol{b}$有无穷多解.

（3）解的结构：

① 齐次线性方程组的基础解系；

② 当秩（$\boldsymbol{A}$）$=r<n$，齐次方程组的任意$n-r$个线性无关的解向量$\boldsymbol{\eta}_1,\boldsymbol{\eta}_2,\cdots,\boldsymbol{\eta}_{n-r}$都是它的基础解系，全部解可表示为

$$x=k_1\boldsymbol{\eta}_1+k_2\boldsymbol{\eta}_2+\cdots+k_{n-r}\boldsymbol{\eta}_{n-r}，其中 k_1,k_2,\cdots,k_{n-r} 是任意的数；$$

③ 当秩（$\boldsymbol{A}$）=秩（$\overline{\boldsymbol{A}}$）$=r<n$时，如果$\boldsymbol{\gamma}_0$是非齐次线性方程组的一个特解，$\boldsymbol{\eta}_1,\boldsymbol{\eta}_2,\cdots,\boldsymbol{\eta}_{n-r}$是相应导出组的基础解系，那么非齐次线性方程组的任一个解$\boldsymbol{\gamma}$都可以表成

$$\boldsymbol{\gamma}=\boldsymbol{\gamma}_0+k_1\boldsymbol{\eta}_1+k_2\boldsymbol{\eta}_2+\cdots+k_{n-r}\boldsymbol{\eta}_{n-r}，其中 k_1,k_2,\cdots,k_{n-r} 是任意数.$$

【例 2】求下列齐次线性方程组的基础解系

$$\begin{cases}3x_1+7x_2+8x_3=0\\x_1+2x_2+5x_3=0\\x_1+4x_2-9x_3=0\\x_1+3x_2-2x_3=0\end{cases}.$$

解：用初等行变换化系数矩阵$\boldsymbol{A}$为行最简形

$$\boldsymbol{A}=\begin{pmatrix}3&7&8\\1&2&5\\1&4&-9\\1&3&-2\end{pmatrix}\to\begin{pmatrix}1&1&-7\\1&2&5\\0&2&-14\\0&1&-7\end{pmatrix}\to\begin{pmatrix}1&0&19\\0&1&-7\\0&0&0\\0&0&0\end{pmatrix}$$

$r(A)=2$，基础解系含 1 个解向量．同解方程组为$\begin{cases}x_1=-19x_3\\x_2=7x_3\end{cases}$．

取 $x_3=1$ 得 $x_1=-19,\ x_2=7$，故基础解系为 $\boldsymbol{\xi}=(-19,7,1)^{\mathrm{T}}$．

【例 3】 已知四元非齐次线性方程组 $\boldsymbol{Ax}=\boldsymbol{b}$ 的系数矩阵 $\boldsymbol{A}$ 的秩为 3，又 $\boldsymbol{\eta}_1,\boldsymbol{\eta}_2,\boldsymbol{\eta}_3$ 是它的三个解向量，其中 $\boldsymbol{\eta}_1+\boldsymbol{\eta}_2=(1,1,0,2)^{\mathrm{T}},\boldsymbol{\eta}_2+\boldsymbol{\eta}_3=(1,0,1,3)^{\mathrm{T}}$，试求 $\boldsymbol{Ax}=\boldsymbol{b}$ 的通解．

解： 由 $\boldsymbol{A}(\boldsymbol{\eta}_1+\boldsymbol{\eta}_2)=\boldsymbol{A\eta}_1+\boldsymbol{A\eta}_2=2\boldsymbol{b}$ 知，$\boldsymbol{\eta}^*=\dfrac{1}{2}(\boldsymbol{\eta}_1+\boldsymbol{\eta}_2)=\left(\dfrac{1}{2},\dfrac{1}{2},0,1\right)^{\mathrm{T}}$ 是 $\boldsymbol{Ax}=\boldsymbol{b}$ 的一个特解．又由 $r(\boldsymbol{A})=3$ 知，$\boldsymbol{Ax}=\boldsymbol{0}$ 的基础解系含有 $4-3=1$ 个解向量．根据方程组解的性质知 $\boldsymbol{\eta}_3-\boldsymbol{\eta}_1=(\boldsymbol{\eta}_2+\boldsymbol{\eta}_3)-(\boldsymbol{\eta}_1+\boldsymbol{\eta}_2)=(1,0,1,3)^{\mathrm{T}}-(1,1,0,2)^{\mathrm{T}}=(0,-1,1,1)^{\mathrm{T}}$ 是 $\boldsymbol{Ax}=\boldsymbol{0}$ 的非零解，从而可作为 $\boldsymbol{Ax}=\boldsymbol{0}$ 的基础解系，故 $\boldsymbol{Ax}=\boldsymbol{b}$ 的通解为

$$\boldsymbol{x}=\boldsymbol{\eta}^*+k(\boldsymbol{\eta}_3-\boldsymbol{\eta}_1)=\left(\frac{1}{2},\frac{1}{2},0,1\right)^{\mathrm{T}}+k(0,-1,1,1)^{\mathrm{T}}\ （k\text{ 为任意常数}）.$$

【例 4】 设 $\boldsymbol{A}$ 是 $m\times n$ 矩阵，$\boldsymbol{Ax}=\boldsymbol{0}$ 是非齐次线性方程组 $\boldsymbol{Ax}=\boldsymbol{b}$ 所对应的齐次线性方程组，则下列结论正确的是（　　）

（1）若 $\boldsymbol{Ax}=\boldsymbol{0}$ 只有零解，则 $\boldsymbol{Ax}=\boldsymbol{b}$ 有唯一解；

（2）若 $\boldsymbol{Ax}=\boldsymbol{0}$ 有非零解，则 $\boldsymbol{Ax}=\boldsymbol{b}$ 有无穷多解；

（3）若 $\boldsymbol{Ax}=\boldsymbol{b}$ 有无穷多解，则 $\boldsymbol{Ax}=\boldsymbol{0}$ 只有零解；

（4）若 $\boldsymbol{Ax}=\boldsymbol{b}$ 有无穷多解，则 $\boldsymbol{Ax}=\boldsymbol{0}$ 有非零解．

解： 由解的判别定理知，对 $\boldsymbol{Ax}=\boldsymbol{b}$，若有 $r(\boldsymbol{A})=r(\boldsymbol{Ab})=r$，则 $\boldsymbol{Ax}=\boldsymbol{b}$ 一定有解．若 $r=n$，则 $\boldsymbol{Ax}=\boldsymbol{b}$ 有唯一解；若 $r<n$，则 $\boldsymbol{Ax}=\boldsymbol{b}$ 有无穷多解．对 $\boldsymbol{Ax}=\boldsymbol{0}$ 一定有解，且设 $r(\boldsymbol{A})=r$，则若 $r=n$，则 $\boldsymbol{Ax}=\boldsymbol{0}$ 仅有零解；若 $r<n$，则 $\boldsymbol{Ax}=\boldsymbol{0}$ 有非零解．

因此，若 $\boldsymbol{Ax}=\boldsymbol{b}$ 有无穷多解，则必有 $r(\boldsymbol{A})=r(\boldsymbol{Ab})=r<n$，从而 $r(\boldsymbol{A})=r<n$，$\boldsymbol{Ax}=\boldsymbol{0}$ 有非零解，所以（4）成立．

反之，若 $r(\boldsymbol{A})=r=n(<n)$，并不能推出 $r(\boldsymbol{A})=r(\boldsymbol{Ab})$，所以 $\boldsymbol{Ax}=\boldsymbol{b}$ 可能无解，更谈不上有唯一解或无穷多解．

【例 5】 设 $\boldsymbol{A}$ 为 $m\times n$ 实矩阵，证明：线性方程组 $\boldsymbol{Ax}=\boldsymbol{0}$ 与 $\boldsymbol{A}^{\mathrm{T}}\boldsymbol{Ax}=\boldsymbol{0}$ 同解．

证明： 设 x_0 是 $\boldsymbol{Ax}=\boldsymbol{0}$ 的解，则 $\boldsymbol{Ax}_0=\boldsymbol{0}$，所以 $\boldsymbol{A}^{\mathrm{T}}\boldsymbol{Ax}_0=\boldsymbol{0}$，即 $\boldsymbol{x}_0$ 也是 $\boldsymbol{A}^{\mathrm{T}}\boldsymbol{Ax}=\boldsymbol{0}$ 的解．

反之，设 $\boldsymbol{y}_0$ 是 $\boldsymbol{A}^{\mathrm{T}}\boldsymbol{Ax}=\boldsymbol{0}$ 的解，则 $\boldsymbol{A}^{\mathrm{T}}\boldsymbol{Ay}_0=\boldsymbol{0}$，所以 $\boldsymbol{y}_0^{\mathrm{T}}\boldsymbol{A}^{\mathrm{T}}\boldsymbol{Ay}_0=0$，即 $(\boldsymbol{Ay}_0)^{\mathrm{T}}(\boldsymbol{Ay}_0)=0$．令 $\boldsymbol{Ay}_0=\boldsymbol{b}=(b_1,b_2,\cdots,b_m)^{\mathrm{T}}$，由 $\boldsymbol{b}^{\mathrm{T}}\boldsymbol{b}=b_1^2+b_2^2+\cdots+b_m^2=0$，得 $b_1=b_2=\cdots=b_m=0$，此即 $\boldsymbol{Ay}_0=\boldsymbol{0}$，即 $\boldsymbol{y}_0$ 也是 $\boldsymbol{Ax}=\boldsymbol{0}$ 的解．

【例 6】 非齐次线性方程组 $\boldsymbol{Ax}=\boldsymbol{b}$ 中未知量个数为 n，方程个数为 m，系数矩阵 $\boldsymbol{A}$ 的秩为 r，则

（1）$r=m$ 时，方程组 $\boldsymbol{Ax}=\boldsymbol{b}$ 有解；

（2）$r=n$ 时，方程组 $\boldsymbol{Ax}=\boldsymbol{b}$ 有唯一解；

（3）$m=n$ 时，方程组 $\boldsymbol{Ax}=\boldsymbol{b}$ 有唯一解；

（4）$r<n$ 时，方程组 $\boldsymbol{Ax}=\boldsymbol{b}$ 有无穷多解.

解：$\boldsymbol{Ax}=\boldsymbol{b}$ 有解的充要条件为 $r(\boldsymbol{A})=r(\boldsymbol{B})$. 题设 $\boldsymbol{A}$ 为 $m\times n$ 矩阵，若 $r(\boldsymbol{A})=m$，相当于 $\boldsymbol{A}$ 的 m 个行向量线性无关，因此添加一个分量后得 $\boldsymbol{B}$ 的 m 个行向量仍线性无关，即 $r(\boldsymbol{A})=r(\boldsymbol{B})$，所以 $\boldsymbol{Ax}=\boldsymbol{b}$ 有解. 故（1）成立. 对于（2）（3）（4）均不能保证 $r(\boldsymbol{A})=r(\boldsymbol{B})$，也即不能保证有解，更谈不上有唯一解或无穷多解.

【例 7】 设 η^* 是非齐次线性方程组 $\boldsymbol{Ax}=\boldsymbol{b}$ 的一个解，$\boldsymbol{\xi}_1,\boldsymbol{\xi}_2,\cdots,\boldsymbol{\xi}_{n-r}$ 是其导出组 $\boldsymbol{Ax}=\boldsymbol{0}$ 的一个基础解系. 证明：

（1）$\boldsymbol{\eta}^*,\boldsymbol{\xi}_1,\boldsymbol{\xi}_2,\cdots,\boldsymbol{\xi}_{n-r}$ 线性无关；

（2）$\boldsymbol{\eta}^*,\boldsymbol{\eta}^*+\boldsymbol{\xi}_1,\boldsymbol{\eta}^*+\boldsymbol{\xi}_2,\cdots,\boldsymbol{\eta}^*+\boldsymbol{\xi}_{n-r}$ 为 $\boldsymbol{Ax}=\boldsymbol{b}$ 的 $n-r+1$ 个线性无关的解向量；

（3）方程组 $\boldsymbol{Ax}=\boldsymbol{b}$ 的任一解都可表示成这 $n-r+1$ 个解的线性组合，且组合系数之和为 1．$\boldsymbol{\gamma}=k_0\boldsymbol{\eta}^*+k_1(\boldsymbol{\eta}^*+\boldsymbol{\xi}_1)+k_2(\boldsymbol{\eta}^*+\boldsymbol{\xi}_2)+\cdots+k_{n-r}(\boldsymbol{\eta}^*+\boldsymbol{\xi}_{n-r})$，其中 $k_0+k_1+k_2+\cdots+k_{n-r}=1$.

证明：（1）设 $k_0\boldsymbol{\eta}^*+k_1\boldsymbol{\xi}_1+k_2\boldsymbol{\xi}_2+\cdots+k_{n-r}\boldsymbol{\xi}_{n-r}=0$，左乘矩阵 A 得

$$k_0\boldsymbol{A\eta}^*+k_1\boldsymbol{A\xi}_1+k_2\boldsymbol{A\xi}_2+\cdots+k_{n-r}\boldsymbol{A\xi}_{n-r}=\boldsymbol{0},$$

因为 $\boldsymbol{A\eta}^*=\boldsymbol{b},\boldsymbol{A\xi}_i=\boldsymbol{0}(i=1,2,\cdots,n-r)$，所以由上式得 $k_0b=0$，又 $b\neq 0$，所以 $k_0=0$，于是有 $k_1\boldsymbol{\xi}_1+k_2\boldsymbol{\xi}_2+\cdots+k_{n-r}\boldsymbol{\xi}_{n-r}=\boldsymbol{0}$，因为 $\boldsymbol{\xi}_1,\boldsymbol{\xi}_2,\cdots,\boldsymbol{\xi}_{n-r}$ 线性无关，从而 $k_1=k_2=\cdots=k_{n-r}=0$，故 $\boldsymbol{\eta}^*,\boldsymbol{\xi}_1,\boldsymbol{\xi}_2,\cdots,\boldsymbol{\xi}_{n-r}$ 线性无关.

（2）由 $\boldsymbol{A}(\boldsymbol{\eta}^*+\boldsymbol{\xi}_i)=\boldsymbol{A\eta}^*+\boldsymbol{A\xi}_i=\boldsymbol{b}(\boldsymbol{i}=1,2,\cdots,n-r)$ 知 $\boldsymbol{\eta}^*,\boldsymbol{\eta}^*+\boldsymbol{\xi}_1,\boldsymbol{\eta}^*+\boldsymbol{\xi}_2,\cdots,\boldsymbol{\eta}^*+\boldsymbol{\xi}_{n-r}$ 都是 $\boldsymbol{Ax}=\boldsymbol{b}$ 的解. 再证它们线性无关. 设

$$l_0\boldsymbol{\eta}^*+l_1(\boldsymbol{\eta}^*+\boldsymbol{\xi}_1)+l_2(\boldsymbol{\eta}^*+\boldsymbol{\xi}_2)+\cdots+l_{n-r}(\boldsymbol{\eta}^*+\boldsymbol{\xi}_{n-r})=\boldsymbol{0},$$

整理得 $(l_0+l_1+\cdots+l_{n-r})\boldsymbol{\eta}^*+l_1\boldsymbol{\xi}_1+l_2\boldsymbol{\xi}_2+\cdots+l_{n-r}\boldsymbol{\xi}_{n-r}=\boldsymbol{0}$.

由（1）知 $\boldsymbol{\eta}^*,\boldsymbol{\xi}_1,\boldsymbol{\xi}_2,\cdots,\boldsymbol{\xi}_{n-r}$ 线性无关，于是有 $l_0+l_1+\cdots+l_{n-r}=0,l_1=0,\cdots,l_{n-r}=0$，即 $l_0=l_1=\cdots=l_{n-r}=0$，故 $\boldsymbol{\eta}^*,\boldsymbol{\eta}^*+\boldsymbol{\xi}_1,\boldsymbol{\eta}^*+\boldsymbol{\xi}_2,\cdots,\boldsymbol{\eta}^*+\boldsymbol{\xi}_{n-r}$ 是 $\boldsymbol{Ax}=\boldsymbol{b}$ 的 $n-r+1$ 个线性无关的解向量.

（3）设 $\boldsymbol{x}$ 是 $\boldsymbol{Ax}=\boldsymbol{b}$ 的任一解，则 $\boldsymbol{x}$ 可表示为

$$\begin{aligned}\boldsymbol{x}&=l_0\boldsymbol{\eta}^*+k_1\boldsymbol{\xi}_1+k_2\boldsymbol{\xi}_2+\cdots+k_{n-r}\boldsymbol{\xi}_{n-r}\\&=\boldsymbol{\eta}^*+k_1(\boldsymbol{\eta}^*+\boldsymbol{\xi}_1-\boldsymbol{\eta}^*)+k_2(\boldsymbol{\eta}^*+\boldsymbol{\xi}_2-\boldsymbol{\eta}^*)+\cdots+k_{n-r}(\boldsymbol{\eta}^*+\boldsymbol{\xi}_{n-r}-\boldsymbol{\eta}^*)\\&=(1-k_1-\cdots-k_{n-r})\boldsymbol{\eta}^*+k_1(\boldsymbol{\eta}^*+\boldsymbol{\xi}_1)+k_2(\boldsymbol{\eta}^*+\boldsymbol{\xi}_2)+\cdots+k_{n-r}(\boldsymbol{\eta}^*+\boldsymbol{\xi}_{n-r})\\&=k_0\boldsymbol{\eta}^*+k_1(\boldsymbol{\eta}^*+\boldsymbol{\xi}_1)+k_2(\boldsymbol{\eta}^*+\boldsymbol{\xi}_2)+\cdots+k_{n-r}(\boldsymbol{\eta}^*+\boldsymbol{\xi}_{n-r}),\end{aligned}$$

其中 $k_0=1-k_1-k_2-\cdots-k_{n-r}$，即 $k_0+k_1+k_2+\cdots+k_{n-r}=1$.

三、含参数的线性方程组求解

系数矩阵和右端项含有参数的线性方程组简称为含参数方程组．因为参数的各种不同取值直接影响方程组是否有解、有多少个解，因而解含参数的线性方程组必须对参数取值加以讨论．求解参数线性方程组时，常用以下方法：

方法一　对方程组的增广矩阵 $\boldsymbol{B}$ 用初等行变换化为阶梯形矩阵，然后根据 $r(\boldsymbol{B})=r(\boldsymbol{A})$ 是否成立讨论参数取何值时有解或无解，有解时再求一般解．

方法二　当方程的个数与未知数的个数相同时，先利用克拉默法则，即计算系数行列式 $|\boldsymbol{A}|$，对于使得 $|\boldsymbol{A}|\neq 0$ 的参数值，方程组有唯一解，且可用克拉默法则求出唯一解，而对于使得 $|\boldsymbol{A}|=0$ 的参数值，分别列出增广矩阵 $\boldsymbol{B}$ 用消元法求解．

【例 8】 讨论 λ 取什么值时，方程组有解，并求解：$\begin{cases}\lambda x_1+x_2+x_3=1\\ x_1+\lambda x_2+x_3=\lambda\\ x_1+x_2+\lambda x_3=\lambda^2\end{cases}$．

解： $|\boldsymbol{A}|=\begin{vmatrix}\lambda & 1 & 1\\ 1 & \lambda & 1\\ 1 & 1 & \lambda\end{vmatrix}=(\lambda+2)(\lambda-1)^2$.

当 $\lambda\neq -2$ 且 $\lambda\neq 1$ 时，方程组有唯一解．利用克拉默法则，得

$$x_1=-\frac{\lambda+1}{\lambda+2},x_2=\frac{1}{\lambda+2},x_3=\frac{(\lambda+1)^2}{\lambda+2}.$$

当 $\lambda=-2$ 时，

$$\boldsymbol{B}=\begin{pmatrix}-2 & 1 & 1 & 1\\ 1 & -2 & 1 & -2\\ 1 & 1 & -2 & 4\end{pmatrix}\to\begin{pmatrix}0 & 3 & -3 & 9\\ 0 & -3 & 3 & -6\\ 1 & 1 & -2 & 4\end{pmatrix}\to\begin{pmatrix}1 & 0 & -1 & -2\\ 0 & 1 & -1 & 2\\ 0 & 0 & 0 & 3\end{pmatrix}.$$

$r(\boldsymbol{B})=3>r(\boldsymbol{A})=2$，故方程组无解．

当 $\lambda=1$ 时，

$$\boldsymbol{B}=\begin{pmatrix}1 & 1 & 1 & 1\\ 1 & 1 & 1 & 1\\ 1 & 1 & 1 & 1\end{pmatrix}\to\begin{pmatrix}1 & 1 & 1 & 1\\ 0 & 0 & 0 & 0\\ 0 & 0 & 0 & 0\end{pmatrix}.$$

同解方程组为 $x_1=-x_2-x_3+1$，通解为

$$\begin{cases}x_1=1-k_1-k_2\\ x_2=k_1\\ x_3=k_2\end{cases}\quad（k_1,k_2\text{ 为任意常数}）.$$

【例 9】已知线性方程组

$$\begin{cases} x_1+x_2+x_3+x_4+x_5=a \\ 3x_1+2x_2+x_3+x_4-3x_5=0 \\ x_2+2x_3+2x_4+6x_5=b \\ 5x_1+4x_2+3x_3+3x_4-x_5=2 \end{cases},$$

（1）a,b 为何值时，方程组有解？

（2）方程组有解时，求出方程组的导出组的一个基础解系；

（3）方程组有解时，求出方程组的全部解.

解：（1）考虑方程组的增广矩阵

$$\boldsymbol{B}=\begin{pmatrix} 1 & 1 & 1 & 1 & 1 & a \\ 3 & 2 & 1 & 1 & -3 & 0 \\ 0 & 1 & 2 & 2 & 6 & b \\ 5 & 4 & 3 & 3 & -1 & 2 \end{pmatrix} \to \begin{pmatrix} 1 & 1 & 1 & 1 & 1 & a \\ 0 & 1 & 2 & 2 & 6 & 3a \\ 0 & 0 & 0 & 0 & 0 & b-3a \\ 0 & 0 & 0 & 0 & 0 & 2-2a \end{pmatrix},$$

因此当 $b-3a=0$ 且 $2-2a=0$ 即 $a=1$ 且 $b=3$ 时，方程组的系数矩阵与增广矩阵的秩相等，故 $a=1,b=3$ 时，方程组有解.

（2）当 $a=1,b=3$ 时，有

$$\boldsymbol{B}=\begin{pmatrix} 1 & 1 & 1 & 1 & 1 & 1 \\ 0 & 1 & 2 & 2 & 6 & 3 \\ 0 & 0 & 0 & 0 & 0 & 0 \\ 0 & 0 & 0 & 0 & 0 & 0 \end{pmatrix} \to \begin{pmatrix} 1 & 0 & -1 & -1 & -5 & -2 \\ 0 & 1 & 2 & 2 & 6 & 3 \\ 0 & 0 & 0 & 0 & 0 & 0 \\ 0 & 0 & 0 & 0 & 0 & 0 \end{pmatrix},$$

因此，原方程组的等价方程组为 $\begin{cases} x_1=-2+x_3+x_4+5x_5 \\ x_2=3-2x_3-2x_4-6x_5 \end{cases}$,

导出组的等价方程组为 $\begin{cases} x_1=x_3+x_4+5x_5 \\ x_2=-2x_3-2x_4-6x_5 \end{cases}$，于是导出组的基础解系为

$$\boldsymbol{\xi}_1=(1,-2,1,0,0),\boldsymbol{\xi}_2=(1,-2,0,1,0),\boldsymbol{\xi}_3=(5,-6,0,0,1).$$

（3）在等价方程组中令 $x_3=x_4=x_5=0$，得原方程组的特解为 $\boldsymbol{\eta}=(-2,3,0,0,0)$. 于是原方程组的全部解为

$$\begin{pmatrix} x_1 \\ x_2 \\ x_3 \\ x_4 \\ x_5 \end{pmatrix}=\begin{pmatrix} -2 \\ 3 \\ 0 \\ 0 \\ 0 \end{pmatrix}+c_1\begin{pmatrix} 1 \\ -2 \\ 1 \\ 0 \\ 0 \end{pmatrix}+c_2\begin{pmatrix} 1 \\ -2 \\ 0 \\ 1 \\ 0 \end{pmatrix}+c_3\begin{pmatrix} 5 \\ -6 \\ 0 \\ 0 \\ 1 \end{pmatrix} \quad (c_1,c_2,c_3 \text{为任意常数}).$$

【例 10】线性方程组$\begin{cases} a_{11}x_1+a_{12}x_2+\cdots+a_{1n}x_n=0 \\ a_{21}x_1+a_{22}x_2+\cdots+a_{2n}x_n=0 \\ \cdots\cdots\cdots\cdots \\ a_{n-1,1}x_1+a_{n-1,2}x_2+\cdots+a_{n-1,n}x_n=0 \end{cases}$

的系数矩阵为 $\begin{pmatrix} a_{11} & a_{12} & \cdots & a_{1n} \\ a_{21} & a_{22} & \cdots & a_{2n} \\ \vdots & \vdots & & \vdots \\ a_{n-1,1} & a_{n-1,2} & \cdots & a_{n-1,n} \end{pmatrix}$，

设 $\boldsymbol{M}_i$ 是矩阵 $\boldsymbol{A}$ 中划去第 i 列剩下的 $(n-1)\times(n-1)$ 矩阵的行列式.

（1）证明：$(\boldsymbol{M}_1,-\boldsymbol{M}_2,\cdots,(-1)^{n-1}\boldsymbol{M}_n)$ 是方程组的一个解；

（2）如果 $\boldsymbol{A}$ 的秩为 $n-1$，那么方程组的解全是 $(\boldsymbol{M}_1,\boldsymbol{M}_2,\cdots,(-1)^{n-1}\boldsymbol{M}_n)$ 的倍数.

证明：（1）作 n 级行列式 D，它是 $\boldsymbol{A}$ 的第 i 行元素与 $\boldsymbol{A}$ 的各行依次排成的行列式，即

$$D=\begin{vmatrix} a_{i1} & a_{i2} & \cdots & a_{in} \\ a_{11} & a_{12} & \cdots & a_{1n} \\ a_{21} & a_{22} & \cdots & a_{2n} \\ \vdots & \vdots & & \vdots \\ a_{i1} & a_{i2} & \cdots & a_{in} \\ \vdots & \vdots & & \vdots \\ a_{n-1,1} & a_{n-1,2} & \cdots & a_{n-1,n} \end{vmatrix},$$

由于 D 有两行相同，所以 $D=0$．将 D 按第一行展开，得

$$D=a_{i1}\boldsymbol{M}_1-a_{i2}\boldsymbol{M}_2+\cdots+(-1)^{n-1}a_{in}\boldsymbol{M}_n=0(i=1,2,\cdots,n),$$

即 $\boldsymbol{\eta}=(\boldsymbol{M}_1,\boldsymbol{M}_2,\cdots,(-1)^{n-1}\boldsymbol{M}_n)$ 是方程组 $\boldsymbol{Ax}=\boldsymbol{0}$ 的解.

（2）由 $r(\boldsymbol{A})=n-1$ 知，$\boldsymbol{\eta}$ 为非零解，且方程组 $\boldsymbol{Ax}=\boldsymbol{0}$ 的基础解系含有 $n-(n-1)=1$ 个解向量，其通解为 $\boldsymbol{x}=k\boldsymbol{\eta}$.

四、向量组的线性相关、向量的线性表示

1．定义

如果在数域 P 中有一组不全为零的数 $k_1,k_2,\cdots,k_s$，使得

$k_1\boldsymbol{\alpha}_1+k_2\boldsymbol{\alpha}_2+\cdots+k_s\boldsymbol{\alpha}_s=\boldsymbol{0}$，则称向量组 $\boldsymbol{\alpha}_1,\boldsymbol{\alpha}_2,\cdots,\boldsymbol{\alpha}_s$ $(s\geqslant1)$ 为线性相关的.

一个向量组不线性相关，就称为线性无关.

如果向量组 $\boldsymbol{\alpha}_1,\boldsymbol{\alpha}_2,\cdots,\boldsymbol{\alpha}_s$ $(s\geqslant2)$ 中有一个向量是可以由其余的向量的线性表出，那么向量组 $\boldsymbol{\alpha}_1,\boldsymbol{\alpha}_2,\cdots,\boldsymbol{\alpha}_s$ 线性相关.

2．向量组的等价

如果向量组 $\boldsymbol{\alpha}_1,\boldsymbol{\alpha}_2,\cdots,\boldsymbol{\alpha}_t$ 中每一个向量 $\boldsymbol{\alpha}_i(i=1,2,\cdots,t)$ 都可以经向量组 $\boldsymbol{\beta}_1,\boldsymbol{\beta}_2,\cdots,\boldsymbol{\beta}_s$ 线

性表出，那么向量组 $\boldsymbol{\alpha}_1,\boldsymbol{\alpha}_2,\cdots,\boldsymbol{\alpha}_t$ 就称为可以经向量组 $\boldsymbol{\beta}_1,\boldsymbol{\beta}_2,\cdots,\boldsymbol{\beta}_s$ 线性表出．如果两个向量组互相可以线性表出，它们就称为等价．

向量组之间等价具有性质：①反身性；②对称性；③传递性．

3．向量组的性质

设 $\boldsymbol{\alpha}_1,\boldsymbol{\alpha}_2,\cdots,\boldsymbol{\alpha}_r$ 与 $\boldsymbol{\beta}_1,\boldsymbol{\beta}_2,\cdots,\boldsymbol{\beta}_s$ 是两个向量组．如果：

（1）向量组 $\boldsymbol{\alpha}_1,\boldsymbol{\alpha}_2,\cdots,\boldsymbol{\alpha}_r$ 可以经 $\boldsymbol{\beta}_1,\boldsymbol{\beta}_2,\cdots,\boldsymbol{\beta}_s$ 线性表出；

（2）$r>s$，那么向量组 $\boldsymbol{\alpha}_1,\boldsymbol{\alpha}_2,\cdots,\boldsymbol{\alpha}_r$ 必线性相关．

【例 11】 已知向量组 $\boldsymbol{\alpha}_1,\boldsymbol{\alpha}_2,\boldsymbol{\alpha}_3$ 线性相关，$\boldsymbol{\alpha}_2,\boldsymbol{\alpha}_3,\boldsymbol{\alpha}_4$ 线性无关，问：

（1）$\boldsymbol{\alpha}_1$ 能否由 $\boldsymbol{\alpha}_2,\boldsymbol{\alpha}_3$ 线性表出？证明你的结论．

（2）$\boldsymbol{\alpha}_4$ 能否由 $\boldsymbol{\alpha}_1,\boldsymbol{\alpha}_2,\boldsymbol{\alpha}_3$ 线性表出？证明你的结论．

解：（1）能．因为 $\boldsymbol{\alpha}_2,\boldsymbol{\alpha}_3,\boldsymbol{\alpha}_4$ 线性无关，所以 $\boldsymbol{\alpha}_2,\boldsymbol{\alpha}_3$ 线性无关．由于 $\boldsymbol{\alpha}_1,\boldsymbol{\alpha}_2,\boldsymbol{\alpha}_3$ 线性相关，而 $\boldsymbol{\alpha}_2,\boldsymbol{\alpha}_3$ 线性无关，故 $\boldsymbol{\alpha}_1$ 能由 $\boldsymbol{\alpha}_2,\boldsymbol{\alpha}_3$ 线性表出．

（2）不能．设 $\boldsymbol{\alpha}_4=k_1\boldsymbol{\alpha}_1+k_2\boldsymbol{\alpha}_2+k_3\boldsymbol{\alpha}_3$，由（1）知，$\boldsymbol{\alpha}_1$ 能由 $\boldsymbol{\alpha}_2,\boldsymbol{\alpha}_3$ 线性表出，设为 $\boldsymbol{\alpha}_1=l_2\boldsymbol{\alpha}_2+l_3\boldsymbol{\alpha}_3$，于是 $\boldsymbol{\alpha}_4=k_1(l_2\boldsymbol{\alpha}_2+l_3\boldsymbol{\alpha}_3)+k_2\boldsymbol{\alpha}_2+k_3\boldsymbol{\alpha}_3=(k_1l_2+k_2)\boldsymbol{\alpha}_2+(k_1l_3+k_3)\boldsymbol{\alpha}_3$，这与 $\boldsymbol{\alpha}_2,\boldsymbol{\alpha}_3,\boldsymbol{\alpha}_4$ 线性无关矛盾．从而 $\boldsymbol{\alpha}_4$ 不能由 $\boldsymbol{\alpha}_1,\boldsymbol{\alpha}_2,\boldsymbol{\alpha}_3$ 线性表出．

【例 12】 已知 $\boldsymbol{\alpha}_1=(1,-1,1),\boldsymbol{\alpha}_2=(1,t,-1),\boldsymbol{\alpha}_3=(t,1,2),\boldsymbol{\beta}=(4,t^2,-4)$，若 $\boldsymbol{\beta}$ 可由 $\boldsymbol{\alpha}_1,\boldsymbol{\alpha}_2,\boldsymbol{\alpha}_3$ 线性表出且表示法不唯一，求 t 及 $\boldsymbol{\beta}$ 的表达式．

解：设 $x_1\boldsymbol{\alpha}_1+x_2\boldsymbol{\alpha}_2+x_3\boldsymbol{\alpha}_3=\boldsymbol{\beta}$，即 $\begin{cases}x_1+x_2+tx_3=4\\-x_1+tx_2+tx_3=t^2\\x_1-x_2+2x_3=-4\end{cases}$．由于增广矩阵

$$\boldsymbol{B}=\begin{pmatrix}1&1&t&4\\-1&t&1&t^2\\1&-1&2&-4\end{pmatrix}\to\begin{pmatrix}0&2&t-2&8\\0&t-1&3&t^2-4\\1&-1&2&-4\end{pmatrix}$$

$$\to\begin{pmatrix}1&-1&2&-4\\0&2&t-2&8\\0&t-1&3&t^2-4\end{pmatrix}\to\begin{pmatrix}1&-1&2&-4\\0&2&t-2&8\\0&0&-\dfrac{1}{2}(t+1)(t-4)&t(t-4)\end{pmatrix}.$$

当 $t=-1$ 时，$r(\boldsymbol{A})=2,r(\boldsymbol{B})=3$，方程组无解；当 $t=4$ 时，$r(\boldsymbol{A})=r(\boldsymbol{B})=2<3$，方程组有无穷多解．此时

$$\boldsymbol{B}\to\begin{pmatrix}1&-1&2&-4\\0&2&2&8\\0&0&0&0\end{pmatrix}\to\begin{pmatrix}1&0&3&0\\0&1&1&4\\0&0&0&0\end{pmatrix}.$$

同解方程组为$\begin{cases}x_1=-3x_3\\x_2=4-x_3\end{cases}$，通解为$\begin{cases}x_1=-3c\\x_2=4-c\\x_3=c\end{cases}$（$c$为任意常数），

故$t=4$，且$\boldsymbol{\beta}=-3c\boldsymbol{\alpha}_1+(4-c)\boldsymbol{\alpha}_2+c\boldsymbol{\alpha}_3$，$c$为任意常数.

【例 13】 确定常数a，使向量组$\boldsymbol{\alpha}_1=(1,-1,a)^{\mathrm{T}},\boldsymbol{\alpha}_2=(1,a,1)^{\mathrm{T}},\boldsymbol{\alpha}_3=(a,1,1)^{\mathrm{T}}$可由向量组$\boldsymbol{\beta}_1=(1,-1,a)^{\mathrm{T}},\boldsymbol{\beta}_2=(-2,a,4)^{\mathrm{T}},\boldsymbol{\beta}_3=(-2,a,a)^{\mathrm{T}}$线性表出，但向量组$\boldsymbol{\beta}_1,\boldsymbol{\beta}_2,\boldsymbol{\beta}_3$不能由$\boldsymbol{\alpha}_1,\boldsymbol{\alpha}_2,\boldsymbol{\alpha}_3$线性表示.

解：记$\boldsymbol{A}=(\boldsymbol{\alpha}_1,\boldsymbol{\alpha}_2,\boldsymbol{\alpha}_3),\boldsymbol{B}=(\boldsymbol{\beta}_1,\boldsymbol{\beta}_2,\boldsymbol{\beta}_3)$，由于$\boldsymbol{\beta}_1,\boldsymbol{\beta}_2,\boldsymbol{\beta}_3$不能由$\boldsymbol{\alpha}_1,\boldsymbol{\alpha}_2,\boldsymbol{\alpha}_3$线性表示，故$r(\boldsymbol{A})<3$，从而$|\boldsymbol{A}|=-(a-1)^2(a+2)=0$，所以$a=1$或$a=-2$.

当$a=1$时，$\boldsymbol{\alpha}_1=\boldsymbol{\alpha}_2=\boldsymbol{\alpha}_3=\boldsymbol{\beta}_1=(1,1,1)^{\mathrm{T}}$，故$\boldsymbol{\alpha}_1,\boldsymbol{\alpha}_2,\boldsymbol{\alpha}_3$可由向量组$\boldsymbol{\beta}_1,\boldsymbol{\beta}_2,\boldsymbol{\beta}_3$线性表示，但$\boldsymbol{\beta}_2=(-2,1,4)^{\mathrm{T}}$不能由$\boldsymbol{\alpha}_1,\boldsymbol{\alpha}_2,\boldsymbol{\alpha}_3$线性表示，所以$a=1$符合题意.

当$a=-2$时，由于

$$(\boldsymbol{B}\mid\boldsymbol{A})=\begin{pmatrix}1&-2&-2&1&1&-2\\1&-2&-2&1&-2&1\\-2&4&-2&-2&1&1\end{pmatrix}\to\begin{pmatrix}1&-2&-2&1&1&-2\\0&0&-6&0&3&-3\\0&0&0&0&-3&3\end{pmatrix},$$

考虑线性方程组$\boldsymbol{Bx}=\boldsymbol{\alpha}_2$，因为$r(\boldsymbol{B})=2$，$r(\boldsymbol{B}\mid\boldsymbol{\alpha}_2)=3$，所以方程组$\boldsymbol{Bx}=\boldsymbol{\alpha}_2$无解，即$\boldsymbol{\alpha}_2$不能由$\boldsymbol{\beta}_1,\boldsymbol{\beta}_2,\boldsymbol{\beta}_3$线性表示，与题设矛盾. 因此$a=1$.

【例 14】 已知m个向量$\boldsymbol{\alpha}_1,\boldsymbol{\alpha}_2,\cdots,\boldsymbol{\alpha}_m$线性相关，但其中任意$m-1$个向量都线性无关，证明：（1）如果等式$k_1\boldsymbol{\alpha}_1+k_2\boldsymbol{\alpha}_2+\cdots+k_m\boldsymbol{\alpha}_m=\boldsymbol{0}$，则这些$k_1,k_2,\cdots,k_m$或者全为 0，或者全不为 0；

（2）如果存在两个等式 $k_1\boldsymbol{\alpha}_1+k_2\boldsymbol{\alpha}_2+\cdots+k_m\boldsymbol{\alpha}_m=\boldsymbol{0}$ ①和$l_1\boldsymbol{\alpha}_1+l_2\boldsymbol{\alpha}_2+\cdots+l_m\boldsymbol{\alpha}_m=\boldsymbol{0}$ ②其中$l_1\neq0$，则$\dfrac{k_1}{l_1}=\dfrac{k_2}{l_2}=\cdots=\dfrac{k_m}{l_m}$.

证明：（1）如果$k_1=k_2=\cdots=k_m=0$，则证毕. 否则总有一个k不等于 0，不失一般设$k_1\neq0$，那么其余k_i都不能等于 0，否则若某个$k_i=0$，则有$\sum\limits_{j\neq i}k_j\boldsymbol{\alpha}_j=\boldsymbol{0}$，其中$k_1\neq0$，这与任意$m-1$个向量都线性无关矛盾，从而得证$k_1,k_2,\cdots,k_m$全不为 0.

（2）由于$l_1\neq0$，由（1）知，$l_1,l_2,\cdots,l_m$全不为 0.

如果$k_1=k_2=\cdots=k_m=0$，则$\dfrac{k_1}{l_1}=\dfrac{k_2}{l_2}=\cdots=\dfrac{k_m}{l_m}$成立.

若$k_1,k_2,\cdots,k_m$全不为 0，则由$l_1\times$①$-k_1\times$②得

$$(l_1k_2-k_1l_2)\boldsymbol{\alpha}_2+(l_1k_3-k_1l_3)\boldsymbol{\alpha}_3+\cdots+(l_1k_m-k_1l_m)\boldsymbol{\alpha}_m=\boldsymbol{0},$$

由$\boldsymbol{\alpha}_2,\cdots,\boldsymbol{\alpha}_m$线性无关得$0=l_1k_2-k_1l_2=l_1k_3-k_1l_3=\cdots=l_1k_m-k_1l_m$，故$\dfrac{k_1}{l_1}=\dfrac{k_2}{l_2}=\cdots=\dfrac{k_m}{l_m}$.

【练习】

1．设向量组 $\boldsymbol{\alpha}_1,\boldsymbol{\alpha}_2,\cdots,\boldsymbol{\alpha}_m (m>2)$ 线性无关.

（1）讨论向量组 $\boldsymbol{\alpha}_1+\boldsymbol{\alpha}_2,\boldsymbol{\alpha}_2+\boldsymbol{\alpha}_3,\cdots,\boldsymbol{\alpha}_{m-1}+\boldsymbol{\alpha}_m,\boldsymbol{\alpha}_m+\boldsymbol{\alpha}_1$ 的线性相关性;

（2）若向量组 $\boldsymbol{\alpha}_2,\boldsymbol{\alpha}_3,\cdots,\boldsymbol{\alpha}_{m+1}$ 线性相关,证明 $\boldsymbol{\alpha}_1$ 不能由 $\boldsymbol{\alpha}_2,\boldsymbol{\alpha}_3,\cdots,\boldsymbol{\alpha}_{m+1}$ 线性表示.

2．设向量组 $\boldsymbol{\alpha}_1,\boldsymbol{\alpha}_2,\cdots,\boldsymbol{\alpha}_m$ 线性无关，向量 $\boldsymbol{\beta}_1$ 可由它线性表示,而向量 $\boldsymbol{\beta}_2$ 不能由它线性表示,证明：向量组 $\boldsymbol{\alpha}_1,\boldsymbol{\alpha}_2,\cdots,\boldsymbol{\alpha}_m,\boldsymbol{\beta}_1+\boldsymbol{\beta}_2$ 线性无关.

五、向量组的秩与极大线性无关组

一向量组的一个部分组称为一个极大线性无关组，如果这个部分组本身是线性无关的，并且从这个向量组中任意添一个向量（如果还有的话），所得的部分向量组都线性相关.

极大线性无关组的一个基本性质是：任意一个极大线性无关组都与向量组本身等价.

向量组的极大线性无关组所含向量的个数称为这个向量组的秩.

【例 15】求向量组 $\boldsymbol{\alpha}_1=(1,1,2,2)^{\mathrm{T}},\boldsymbol{\alpha}_2=(0,2,1,5)^{\mathrm{T}},\boldsymbol{\alpha}_3=(2,0,3,-1)^{\mathrm{T}},\boldsymbol{\alpha}_4=(1,1,0,4)^{\mathrm{T}}$ 的秩和一个极大无关组，并用极大无关组中的向量表示其余向量.

解：以给定向量为列，作矩阵并施行初等行变换：

$$\boldsymbol{A}=\begin{pmatrix}1&0&2&1\\1&2&0&1\\2&1&3&0\\2&5&-1&4\end{pmatrix}\to\begin{pmatrix}1&0&2&1\\0&2&-2&0\\0&1&-1&-2\\0&5&-5&2\end{pmatrix}\to\begin{pmatrix}1&0&2&1\\0&1&-1&-2\\0&0&0&4\\0&0&0&12\end{pmatrix}\to\begin{pmatrix}1&0&2&1\\0&1&-1&-2\\0&0&0&1\\0&0&0&0\end{pmatrix}=\boldsymbol{B}.$$

设 $\boldsymbol{B}$ 的列向量为 $\boldsymbol{\beta}_1,\boldsymbol{\beta}_2,\boldsymbol{\beta}_3,\boldsymbol{\beta}_4$.则由 $\boldsymbol{B}$ 显然可知 $r(\boldsymbol{\beta}_1,\boldsymbol{\beta}_2,\boldsymbol{\beta}_3,\boldsymbol{\beta}_4)=3$，$\boldsymbol{\beta}_1,\boldsymbol{\beta}_2,\boldsymbol{\beta}_4$ 是极大无关组，且 $\boldsymbol{\beta}_3=2\boldsymbol{\beta}_1-\boldsymbol{\beta}_2+0\boldsymbol{\beta}_4$.因此 $\boldsymbol{\alpha}_1,\boldsymbol{\alpha}_2,\boldsymbol{\alpha}_3,\boldsymbol{\alpha}_4$ 有完全相应结果.

【例 16】设向量组 $\boldsymbol{\alpha}_1,\boldsymbol{\alpha}_2,\cdots,\boldsymbol{\alpha}_m$ 的秩为 r，又设 $\boldsymbol{\beta}_1=\boldsymbol{\alpha}_2+\boldsymbol{\alpha}_3+\cdots+\boldsymbol{\alpha}_m$，$\boldsymbol{\beta}_2=\boldsymbol{\alpha}_1+\boldsymbol{\alpha}_3+\cdots+\boldsymbol{\alpha}_m$，$\cdots,\boldsymbol{\beta}_m=\boldsymbol{\alpha}_1+\boldsymbol{\alpha}_2+\cdots+\boldsymbol{\alpha}_{m-1}$，求向量组 $\boldsymbol{\beta}_1,\boldsymbol{\beta}_2,\cdots,\boldsymbol{\beta}_m$ 的秩.

解：将 $\boldsymbol{\beta}_1,\boldsymbol{\beta}_2,\cdots,\boldsymbol{\beta}_m$ 看作列向量，则有 $(\boldsymbol{\beta}_1,\boldsymbol{\beta}_2,\cdots,\boldsymbol{\beta}_m)=(\boldsymbol{\alpha}_1,\boldsymbol{\alpha}_2,\cdots,\boldsymbol{\alpha}_m)\boldsymbol{P}$，其中

$$\boldsymbol{P}=\begin{pmatrix}0&1&\cdots&1\\1&0&\cdots&1\\\vdots&\vdots&&\vdots\\1&1&\cdots&0\end{pmatrix}.$$

可求得 $|\boldsymbol{P}|=(-1)^{m-1}(m-1)$，即 $\boldsymbol{P}$ 可逆，从而 $\boldsymbol{\alpha}_1,\boldsymbol{\alpha}_2,\cdots,\boldsymbol{\alpha}_m$ 可由 $\boldsymbol{\beta}_1,\boldsymbol{\beta}_2,\cdots,\boldsymbol{\beta}_m$ 线性表示，故这两个向量组等价，即它们有相同的秩.

【例 17】设向量组（Ⅰ）：$\boldsymbol{\alpha}_1,\boldsymbol{\alpha}_2,\cdots,\boldsymbol{\alpha}_s$ 和（Ⅱ）：$\boldsymbol{\beta}_1,\boldsymbol{\beta}_2,\cdots,\boldsymbol{\beta}_t$ 的秩分别为 r_1 和 r_2，而向量组（Ⅲ）：$\boldsymbol{\alpha}_1,\boldsymbol{\alpha}_2,\cdots,\boldsymbol{\alpha}_s,\boldsymbol{\beta}_1,\boldsymbol{\beta}_2,\cdots,\boldsymbol{\beta}_t$ 的秩为 r.证明：$r\leqslant r_1+r_2$.

证明：若 r_1 和 r_2 中至少有一个为 0，显然有 $r=r_1+r_2$，结论成立．若 r_1 和 r_2 都不为 0，不妨设向量组（Ⅰ）的极大无关组为 $\boldsymbol{\alpha}_1,\boldsymbol{\alpha}_2,\cdots,\boldsymbol{\alpha}_{r_1}$，向量组（Ⅱ）的极大无关组为 $\boldsymbol{\beta}_1,\boldsymbol{\beta}_2,\cdots,\boldsymbol{\beta}_{r_2}$，由于向量组可以由它的极大无关组线性表示，所以（Ⅲ）可以由 $\boldsymbol{\alpha}_1,\boldsymbol{\alpha}_2,\cdots,\boldsymbol{\alpha}_{r_1},\boldsymbol{\beta}_1,\boldsymbol{\beta}_2,\cdots,\boldsymbol{\beta}_{r_2}$ 线性表示，故

$$r\leqslant r\{\boldsymbol{\alpha}_1,\boldsymbol{\alpha}_2,\cdots,\boldsymbol{\alpha}_{r_1},\boldsymbol{\beta}_1,\boldsymbol{\beta}_2,\cdots,\boldsymbol{\beta}_{r_2}\}\leqslant r_1+r_2.$$

六、矩阵秩的概念

所谓矩阵的行秩就是指矩阵的行向量组的秩；矩阵的列秩就是矩阵的列向量组的秩．

矩阵的行秩与列秩相等，统称为矩阵的秩．

一矩阵的秩是 r 的充要条件为矩阵中有一个 r 级子式不为零，同时所有 $r+1$ 级子式全为零．

【例 18】 讨论 n 阶方阵 $\boldsymbol{A}=\begin{pmatrix} a & b & \cdots & b \\ b & a & \cdots & b \\ \vdots & \vdots & & \vdots \\ b & b & \cdots & a \end{pmatrix}$ 的秩．

解：$\boldsymbol{A}\to\begin{pmatrix} a+(n-1)b & b & \cdots & b \\ a+(n-1)b & a & \cdots & b \\ \vdots & \vdots & & \vdots \\ a+(n-1)b & b & \cdots & a \end{pmatrix}\to\begin{pmatrix} a+(n-1)b & b & \cdots & b \\ & a-b & & \\ & & \ddots & \\ & & & a-b \end{pmatrix}$，

可知（1）当 $a\neq b$ 且 $a+(n-1)b\neq 0$ 时，$r(\boldsymbol{A})=n$；

（2）当 $a=b\neq 0$ 时，$r(\boldsymbol{A})=1$；当 $a=b=0$ 时，$r(\boldsymbol{A})=0$；

（3）当 $a+(n-1)b=0$ 且 $b\neq 0$ 时，$r(\boldsymbol{A})=n-1$．

【例 19】 设 $\boldsymbol{A},\boldsymbol{B}$ 为满足 $\boldsymbol{AB}=\boldsymbol{0}$ 的任意两个非零矩阵，则必有：

（1）$\boldsymbol{A}$ 的列向量组线性相关，$\boldsymbol{B}$ 的行向量组线性相关；

（2）$\boldsymbol{A}$ 的列向量组线性相关，$\boldsymbol{B}$ 的列向量组线性相关；

（3）$\boldsymbol{A}$ 的行向量组线性相关，$\boldsymbol{B}$ 的行向量组线性相关；

（4）$\boldsymbol{A}$ 的行向量组线性相关，$\boldsymbol{B}$ 的列向量组线性相关；

解：设 $\boldsymbol{A}$ 是 $m\times n$ 矩阵，$\boldsymbol{B}$ 是 $n\times s$ 矩阵，由于它们是非零矩阵，所以 $r(\boldsymbol{A})>0,r(\boldsymbol{B})>0$；又由 $\boldsymbol{AB}=\boldsymbol{0}$ 知 $r(\boldsymbol{A})+r(\boldsymbol{B})\leqslant n$，从而 $r(\boldsymbol{A})<n,r(\boldsymbol{B})<n$，故 $\boldsymbol{A}$ 的列向量组线性相关，$\boldsymbol{B}$ 的行向量组线性相关．选（1）．

【例 20】 设 $\boldsymbol{A}$ 是 $n\times n$ 矩阵，这里 n 是正整数．证明：$\boldsymbol{A}$ 的秩等于 1 的充要条件是有不全为零的 n 个数 $a_1,a_2,\cdots,a_n$，不全为零的 n 个数 $b_1,b_2,\cdots,b_n$ 使

$$A=\begin{pmatrix} a_1b_1 & a_1b_2 & \cdots & a_1b_n \\ a_2b_1 & a_2b_2 & \cdots & a_2b_n \\ \vdots & \vdots & & \vdots \\ a_nb_1 & a_nb_2 & \cdots & a_nb_n \end{pmatrix}.$$

证明：先证明充分性，设 $A=\begin{pmatrix} a_1b_1 & a_1b_2 & \cdots & a_1b_n \\ a_2b_1 & a_2b_2 & \cdots & a_2b_n \\ \vdots & \vdots & & \vdots \\ a_nb_1 & a_nb_2 & \cdots & a_nb_n \end{pmatrix}$，其中 $a_1,a_2,\cdots,a_n$ 不全为零，$b_1,b_2,\cdots,b_n$ 不全为零，令 $B^{\mathrm{T}}=(a_1,a_2,\cdots,a_n),C=(b_1,b_2,\cdots,b_n)$，则 $A=BC$. 那么

$$r(A)\leqslant r(B)=1.$$

其次，设 $a_l\neq 0,b_j\neq 0$，那么 $a_lb_j\neq 0$，故 $r(A)\geqslant 1$.

所以 $r(A)=1$.

再证必要性，设 $r(A)=1$，令 $A=(\boldsymbol{\alpha}_1,\boldsymbol{\alpha}_2,\cdots,\boldsymbol{\alpha}_n)$，设 $\boldsymbol{\alpha}_i$ 为 $\boldsymbol{\alpha}_1,\boldsymbol{\alpha}_2,\cdots,\boldsymbol{\alpha}_n$ 的极大线性无关组，那么可设

$$A=\begin{pmatrix} k_1a_1 & \cdots & a_1 & \cdots & k_na_1 \\ \vdots & & \vdots & & \vdots \\ k_1a_n & \cdots & a_n & \cdots & k_na_n \end{pmatrix},$$

其中 $\boldsymbol{\alpha}_i=(a_1,a_2,\cdots,a_n)^{\mathrm{T}}$，且 $\alpha_i\neq 0$. 那么 $b_1=k_1,b_2=k_2,\cdots,b_i=1,\cdots,b_n=k_n$，所以 $b_1,b_2,\cdots,b_n$ 不全为零，A 符合所要证明的形式.

第三章

矩　阵

一、方阵的幂

计算方阵的幂常用的方法：

（1）数学归纳法：先计算 $\boldsymbol{A}^2,\boldsymbol{A}^3$ 等，从中发现 $\boldsymbol{A}^k$ 的元素的规律，再用数学归纳法证明.

（2）利用二项展开公式：将矩阵 $\boldsymbol{A}$ 分解为 $\boldsymbol{A}=\boldsymbol{F}+\boldsymbol{G}$，要求矩阵 $\boldsymbol{F}$ 与 $\boldsymbol{G}$ 的方幂容易计算，且 $\boldsymbol{FG}=\boldsymbol{GF}$，则有

$$\boldsymbol{A}^k=(\boldsymbol{F}+\boldsymbol{G})^k=\boldsymbol{F}^k+C_k^1\boldsymbol{F}^{k-1}\boldsymbol{G}+C_k^2\boldsymbol{F}^{k-2}\boldsymbol{G}^2+\cdots+C_k^{k-1}\boldsymbol{F}\boldsymbol{G}^{k-1}+\boldsymbol{G}^k.$$

（3）利用矩阵乘法结合律：若矩阵 $\boldsymbol{A}$ 可分解为 $\boldsymbol{A}=\boldsymbol{\alpha\beta}^{\mathrm{T}}$，其中 $\boldsymbol{\alpha},\boldsymbol{\beta}$ 均是 $n\times1$ 矩阵，利用矩阵乘法结合律，并注意 $\boldsymbol{\beta}^{\mathrm{T}}\boldsymbol{\alpha}$ 是数，则有 $\boldsymbol{A}^k=(\boldsymbol{\alpha\beta}^{\mathrm{T}})^k=\boldsymbol{\alpha}(\boldsymbol{\beta}^{\mathrm{T}}\boldsymbol{\alpha})^{k-1}\boldsymbol{\beta}^{\mathrm{T}}=(\boldsymbol{\beta}^{\mathrm{T}}\boldsymbol{\alpha})^{k-1}\boldsymbol{A}$.

注：当 $r(\boldsymbol{A})=1$ 时，矩阵 $\boldsymbol{A}$ 可分解为 $\boldsymbol{A}=\boldsymbol{\alpha\beta}^{\mathrm{T}}$.

（4）利用相似对角化：若求得 n 阶可逆矩阵 $\boldsymbol{P}$，使得 $\boldsymbol{P}^{-1}\boldsymbol{AP}=diag(\lambda_1,\lambda_2,\cdots,\lambda_n)$，则 $\boldsymbol{A}^k=\boldsymbol{P}diag(\lambda_1^k,\lambda_2^k,\cdots,\lambda_n^k)\boldsymbol{P}^{-1}$.

（5）分块对角矩阵求方幂：对于分块对角矩阵

$$\boldsymbol{A}=\begin{pmatrix}\boldsymbol{A}_1&&&\\&\boldsymbol{A}_2&&\\&&\ddots&\\&&&\boldsymbol{A}_s\end{pmatrix},\text{有 }\boldsymbol{A}^k=\begin{pmatrix}\boldsymbol{A}_1^k&&&\\&\boldsymbol{A}_2^k&&\\&&\ddots&\\&&&\boldsymbol{A}_s^k\end{pmatrix},$$

其中 $\boldsymbol{A}_i(i=1,2,\cdots,s)$ 均为方阵.

（6）Hamilton-Cayley 定理和最小多项式.

【例 1】 已知 $\boldsymbol{A}=\begin{pmatrix}1&0&0\\1&0&1\\0&1&0\end{pmatrix}$，证明：当 $n\geqslant3$ 时，恒有 $\boldsymbol{A}^n=\boldsymbol{A}^{n-2}+\boldsymbol{A}^2-\boldsymbol{E}$，并求 $\boldsymbol{A}^{100}$.

证明： 利用数学归纳法证明．因为

$$\boldsymbol{A}^2=\begin{pmatrix}1&0&0\\1&1&0\\0&1&0\end{pmatrix},\boldsymbol{A}^3=\begin{pmatrix}1&0&0\\2&0&1\\1&1&0\end{pmatrix}=\boldsymbol{A}+\boldsymbol{A}^2-\boldsymbol{E},$$

所以当 $n=3$ 时结论成立．假设当 $n=k$ 时结论成立，即 $\boldsymbol{A}^k=\boldsymbol{A}^{k-2}+\boldsymbol{A}^2-\boldsymbol{E}$，则当 $n=k+1$ 时，有

$$\begin{aligned}\boldsymbol{A}^{k+1}&=\boldsymbol{A}^k\boldsymbol{A}=(\boldsymbol{A}^{k-2}+\boldsymbol{A}^2-\boldsymbol{E})\boldsymbol{A}=\boldsymbol{A}^{k-1}+\boldsymbol{A}^3-\boldsymbol{A}\\&=\boldsymbol{A}^{k-1}+(\boldsymbol{A}+\boldsymbol{A}^2-\boldsymbol{E})-\boldsymbol{A}=\boldsymbol{A}^{k-1}+\boldsymbol{A}^2-\boldsymbol{E},\end{aligned}$$

故由归纳假设知命题成立．利用所证公式，得

$$\begin{aligned}\boldsymbol{A}^{100}&=\boldsymbol{A}^{98}+\boldsymbol{A}^2-\boldsymbol{E}=\boldsymbol{A}^{96}+2(\boldsymbol{A}^2-\boldsymbol{E})=\cdots=\boldsymbol{A}^2+49(\boldsymbol{A}^2-\boldsymbol{E})\\&=50\boldsymbol{A}^2-49\boldsymbol{E}=\begin{pmatrix}1&0&0\\50&1&0\\50&0&1\end{pmatrix}.\end{aligned}$$

【例 2】 已知 $\boldsymbol{A}=\begin{pmatrix}\lambda&1&0\\0&\lambda&1\\0&0&\lambda\end{pmatrix}$，求 $\boldsymbol{A}^k$．

解： 将矩阵 $\boldsymbol{A}$ 分解为

$$\boldsymbol{A}=\begin{pmatrix}\lambda&0&0\\0&\lambda&0\\0&0&\lambda\end{pmatrix}+\begin{pmatrix}0&1&0\\0&0&1\\0&0&0\end{pmatrix}=\lambda\boldsymbol{E}+\boldsymbol{H},\text{其中 }\boldsymbol{H}=\begin{pmatrix}0&1&0\\0&0&1\\0&0&0\end{pmatrix},$$

可以验证矩阵 $\boldsymbol{H}$ 满足

$$\boldsymbol{H}^2=\begin{pmatrix}0&0&1\\0&0&0\\0&0&0\end{pmatrix},\boldsymbol{H}^3=\boldsymbol{H}^4=\cdots=\boldsymbol{0},$$

且 $(\lambda\boldsymbol{E})\boldsymbol{H}=\boldsymbol{H}(\lambda\boldsymbol{E})$，即 $\boldsymbol{H}$ 与 $\lambda\boldsymbol{E}$ 可交换，故由二项展开公式得

$$\begin{aligned}\boldsymbol{A}^k&=(\lambda\boldsymbol{E}+\boldsymbol{H})^k=(\lambda\boldsymbol{E})^k+C_k^1(\lambda\boldsymbol{E})^{k-1}\boldsymbol{H}+C_k^2(\lambda\boldsymbol{E})^{k-2}\boldsymbol{H}^2\\&=(\lambda\boldsymbol{E}+\boldsymbol{H})^k=\lambda^k\boldsymbol{E}+k\lambda^{k-1}\boldsymbol{H}+\frac{k(k-1)}{2}\lambda^{k-2}\boldsymbol{H}^2=\begin{pmatrix}\lambda^k&k\lambda^{k-1}&\frac{k(k-1)}{2}\lambda^{k-2}\\0&\lambda^k&k\lambda^{k-1}\\0&0&\lambda^k\end{pmatrix}.\end{aligned}$$

【例 3】 已知 $\boldsymbol{\alpha}=(1,2,3),\boldsymbol{\beta}=\left(1,\frac{1}{2},\frac{1}{3}\right)$，设 $\boldsymbol{A}=\boldsymbol{\alpha}^{\mathrm{T}}\boldsymbol{\beta}$，求 $\boldsymbol{A}^k$．

解： 利用矩阵乘法的结合律，并注意到 $\boldsymbol{\alpha}^{\mathrm{T}}\boldsymbol{\beta}$ 为矩阵，而 $\boldsymbol{\beta}\boldsymbol{\alpha}^{\mathrm{T}}$ 是数字，于是

$$\begin{aligned}\boldsymbol{A}^k&=(\boldsymbol{\alpha}^{\mathrm{T}}\boldsymbol{\beta})(\boldsymbol{\alpha}^{\mathrm{T}}\boldsymbol{\beta})\cdots(\boldsymbol{\alpha}^{\mathrm{T}}\boldsymbol{\beta})=\boldsymbol{\alpha}^{\mathrm{T}}(\boldsymbol{\beta}\boldsymbol{\alpha}^{\mathrm{T}})(\boldsymbol{\beta}\boldsymbol{\alpha}^{\mathrm{T}})\cdots(\boldsymbol{\beta}\boldsymbol{\alpha}^{\mathrm{T}})\boldsymbol{\beta}=(\boldsymbol{\beta}\boldsymbol{\alpha}^{\mathrm{T}})^{k-1}(\boldsymbol{\alpha}^{\mathrm{T}}\boldsymbol{\beta})\\&=3^{k-1}\begin{pmatrix}1&\frac{1}{2}&\frac{1}{3}\\2&1&\frac{2}{3}\\3&\frac{3}{2}&1\end{pmatrix}.\end{aligned}$$

【练习】已知 $A=\begin{pmatrix}2&4\\1&2\end{pmatrix}$,求 A^k. $A=\begin{pmatrix}2&4\\1&2\end{pmatrix}=\begin{pmatrix}2\\1\end{pmatrix}(1\quad 2)=\alpha\beta^{\mathrm{T}}$.

【例 4】已知 $A=\begin{pmatrix}3&1&1\\1&2&0\\1&0&2\end{pmatrix}$,求 A^k.

解: $f_A(\lambda)=|\lambda E-A|=\begin{vmatrix}\lambda-3&-1&-1\\-1&\lambda-2&0\\-1&0&\lambda-2\end{vmatrix}=(\lambda-1)(\lambda-2)(\lambda-4)$,

由 $f_A(\lambda)=0$ 得 A 的特征值为 $\lambda_1=1,\ \lambda_2=2,\ \lambda_3=4$. 可求得对应的特征向量分别为 $p_1=(-1,1,1)^{\mathrm{T}}, p_2=(0,-1,1)^{\mathrm{T}}, p_3=(2,1,1)^{\mathrm{T}}$,

令 $P=\begin{pmatrix}-1&0&2\\1&-1&1\\1&1&1\end{pmatrix}$,则 $P^{-1}AP=\Lambda=\begin{pmatrix}1&0&0\\0&2&0\\0&0&4\end{pmatrix}$.

故

$$A^k=P\Lambda^kP^{-1}=\begin{pmatrix}-1&0&2\\1&-1&1\\1&1&1\end{pmatrix}\begin{pmatrix}1&0&0\\0&2^k&0\\0&0&4^k\end{pmatrix}\frac{1}{6}\begin{pmatrix}-2&2&2\\0&-3&3\\2&1&1\end{pmatrix}$$

$$=\frac{1}{6}\begin{pmatrix}2+2^{2k+2}&-2+2^{2k+1}&-2+2^{2k+1}\\-2+2^{2k+1}&2+3\cdot2^k+2^{2k+1}&2-3\cdot2^k+2^{2k+1}\\-2+2^{2k+1}&2-3\cdot2^k+2^{2k}&2+3\cdot2^k+2^{2k}\end{pmatrix}.$$

【例 5】已知 $A=\begin{pmatrix}2&4&0&0\\1&2&0&0\\0&0&2&0\\0&0&4&2\end{pmatrix}$. 求 A^n.

解: A 是分块对角矩阵 $A=\begin{pmatrix}B&O\\O&C\end{pmatrix}$,其中 $B=\begin{pmatrix}2&4\\1&2\end{pmatrix}$, $C=\begin{pmatrix}2&0\\4&2\end{pmatrix}$.

于是 $A^n=\begin{pmatrix}B^n&O\\O&C^n\end{pmatrix}$. 下面求 B^n 与 C^n. 由于 $B=\begin{pmatrix}2&4\\1&2\end{pmatrix}=\begin{pmatrix}2\\1\end{pmatrix}(1\quad 2)=\alpha\beta^{\mathrm{T}}$,其中 $\alpha=\begin{pmatrix}2\\1\end{pmatrix}$, $\beta=\begin{pmatrix}1\\2\end{pmatrix}$,于是

$$B^n=(\alpha\beta^{\mathrm{T}})^n=\alpha(\beta^{\mathrm{T}}\alpha)^{n-1}\beta=4^{n-1}\alpha\beta^{\mathrm{T}}=\begin{pmatrix}2\cdot4^{n-1}&0\\4n\cdot2^{n-1}&2^n\end{pmatrix}.$$

又有 $C=\begin{pmatrix}2&0\\4&2\end{pmatrix}=2E+G$,其中 $G=\begin{pmatrix}0&0\\4&0\end{pmatrix}$,且 $G^2=O$, $(2E)G=G(2E)$,由二项展开公式得

$$C^n=(2E+G)^n=(2E)^n+C_n^1(2E)^{n-1}G=2^nE+n2^{n-1}G=\begin{pmatrix}2^n & 0\\ 4n\cdot 2^{n-1} & 2^n\end{pmatrix},$$

故 $A^n=\begin{pmatrix}B^n & O\\ O & C^n\end{pmatrix}=\begin{pmatrix}2\cdot 4^{n-1} & 4^n & 0 & 0\\ 4^{n-1} & 2\cdot 4^{n-1} & 0 & 0\\ 0 & 0 & 2^n & 0\\ 0 & 0 & 4n\cdot 2^{n-1} & 2^n\end{pmatrix}.$

【例 6】 设 $A=\begin{pmatrix}3 & -10 & -6\\ 1 & -4 & -3\\ -1 & 5 & 4\end{pmatrix}$，试求 $g(A)=2A^8-3A^5+A^4+A^2-4E$ 和 A^{100}.

解： 由 $A-E\neq 0,(A-E)^2=0$ 知 A 的最小多项式 $m_A(\lambda)=(\lambda-1)^2=\lambda^2-2\lambda+1$.

用 $m_A(\lambda)$ 除 $g(\lambda)=2\lambda^8-3\lambda^5+\lambda^4+\lambda^2-4$，得

$$g(\lambda)=(2\lambda^6+4\lambda^5+6\lambda^4+5\lambda^3+5\lambda+6)m_A(\lambda)+7\lambda-10,$$

于是
$$g(A)=7A-10E=\begin{pmatrix}11 & -70 & -42\\ 7 & -38 & -21\\ -7 & 35 & 18\end{pmatrix},$$

又设 $\lambda^{100}=q(\lambda)m_A(\lambda)+a\lambda+b$，

注意 $m_A(1)=m_A'(1)=0$，上式中令 $\lambda=1$，求导后再令 $\lambda=1$，得 $1=a+b,100=a$，解得 $a=100$，$b=-99$，故

$$A^{100}=100A-99E=\begin{pmatrix}201 & -1000 & -600\\ 100 & -499 & -300\\ -100 & 500 & 301\end{pmatrix}.$$

二、矩阵秩的性质

矩阵的秩的有关结果：

（1）若 $A\neq 0$，则 $r(A)\geqslant 1$;

（2）$r(A_{m\times n})\leqslant \min\{m,n\}$;

（3）$r(A)=r(A^{\mathrm{T}})$;

（4）$r(AB)\leqslant \min\{r(A),r(B)\}$;

（5）A 可逆时，$r(AB)=r(B)$;

（6）A,B 为 n 阶方阵且 $AB=0$ 时，$r(A)+r(B)\leqslant n$;

（7）A 为 n 阶方阵，则 $r(A^*)=\begin{cases}n, r(A)=n\\ 1, r(A)=n-1\\ 0, r(A)<n-1\end{cases}$.

【例 7】 证明 $r(A+B)\leqslant r(A)+r(B)$.

证明：由分块矩阵的初等变换可知

$$r(\boldsymbol{A}+\boldsymbol{B}) \leqslant r\begin{pmatrix} \boldsymbol{A} & \boldsymbol{A}+\boldsymbol{B} \\ \boldsymbol{0} & \boldsymbol{B} \end{pmatrix} = r\begin{pmatrix} \boldsymbol{A} & \boldsymbol{B} \\ \boldsymbol{0} & \boldsymbol{B} \end{pmatrix} = r\begin{pmatrix} \boldsymbol{A} & \boldsymbol{0} \\ \boldsymbol{0} & \boldsymbol{B} \end{pmatrix} = r(\boldsymbol{A})+r(\boldsymbol{B}).$$

【例 8】 设 $\boldsymbol{A}$ 是 $m\times n$ 矩阵，$\boldsymbol{B}$ 是 $n\times m$ 矩阵，若 $\boldsymbol{AB}=\boldsymbol{E}$，证明：$r(\boldsymbol{B})=m$.

证明：由秩的定义得 $r(\boldsymbol{B})\leqslant m$，又 $m=r(\boldsymbol{E})=r(\boldsymbol{AB})\leqslant r(\boldsymbol{B})$，故 $r(\boldsymbol{B})=m$.

【例 9】 设 $\boldsymbol{A}$ 是 $n(n\geqslant 2)$ 阶方阵，证明：$r(\boldsymbol{A}^*)=\begin{cases} n, r(\boldsymbol{A})=n \\ 1, r(\boldsymbol{A})=n-1 \\ 0, r(\boldsymbol{A})<n-1 \end{cases}$.

证明：当 $r(\boldsymbol{A})=n$ 时，$|\boldsymbol{A}|\neq 0$. 由 $\boldsymbol{AA}^*=|\boldsymbol{A}|\boldsymbol{E}$ 得 $|\boldsymbol{A}||\boldsymbol{A}^*|=|\boldsymbol{A}|^n$，于是 $|\boldsymbol{A}^*|=|\boldsymbol{A}|^{n-1}\neq 0$，即 $r(\boldsymbol{A}^*)=n$.

当 $r(\boldsymbol{A})<n-1$ 时，由秩的定义知 $\boldsymbol{A}$ 的每一个 $n-1$ 阶子式均为零，从而 $A_{ij}=(-1)^{i+j}M_{ij}=0$，故 $\boldsymbol{A}^*=(A_{ji})_{n\times n}=\boldsymbol{0}$，即 $r(\boldsymbol{A}^*)=0$.

当 $r(\boldsymbol{A})=n-1$ 时，$|\boldsymbol{A}|=0$，于是 $\boldsymbol{AA}^*=|\boldsymbol{A}|\boldsymbol{E}=\boldsymbol{0}$，从而 $r(\boldsymbol{A})+r(\boldsymbol{A}^*)\leqslant n$，即有 $r(\boldsymbol{A}^*)\leqslant n-r(\boldsymbol{A})=n-(n-1)=1$. 但由秩的定义知 $\boldsymbol{A}$ 中至少有一个 $n-1$ 阶的非零子式，即有某个 $\boldsymbol{A}_{i_0j_0}\neq\boldsymbol{0}$，这表明 $\boldsymbol{A}^*\neq\boldsymbol{0}$，从而 $r(\boldsymbol{A}^*)\geqslant 1$. 结合上式得 $r(\boldsymbol{A}^*)=1$.

【例 10】 设矩阵 $\boldsymbol{A}\in F^{s\times n}, \boldsymbol{B}\in F^{n\times m}$，证明：$\min\{r(\boldsymbol{A}), r(\boldsymbol{B})\}\geqslant r(\boldsymbol{AB})\geqslant r(\boldsymbol{A})+r(\boldsymbol{B})-n$.

证明：由 $\begin{pmatrix} \boldsymbol{A} & \boldsymbol{0} \\ \boldsymbol{E}_n & \boldsymbol{B} \end{pmatrix}\to\begin{pmatrix} \boldsymbol{0} & -\boldsymbol{AB} \\ \boldsymbol{E}_n & \boldsymbol{B} \end{pmatrix}\to\begin{pmatrix} \boldsymbol{0} & -\boldsymbol{AB} \\ \boldsymbol{E}_n & \boldsymbol{0} \end{pmatrix}$ 可得

$$r(\boldsymbol{A})+r(\boldsymbol{B})\leqslant r(\boldsymbol{AB})+r(\boldsymbol{E}_n).$$

设 $r(\boldsymbol{A})=r, r(\boldsymbol{B})=s$，则存在可逆矩阵 $\boldsymbol{P}_1,\boldsymbol{P}_2,\boldsymbol{Q}_1,\boldsymbol{Q}_2$ 使得

$$\boldsymbol{A}=\boldsymbol{P}_1\begin{pmatrix} \boldsymbol{E}_r & \boldsymbol{0} \\ \boldsymbol{0} & \boldsymbol{0} \end{pmatrix}\boldsymbol{Q}_1, \boldsymbol{B}=\boldsymbol{P}_2\begin{pmatrix} \boldsymbol{E}_s & \boldsymbol{0} \\ \boldsymbol{0} & \boldsymbol{0} \end{pmatrix}\boldsymbol{Q}_2,$$

将 $\boldsymbol{P}_1\boldsymbol{Q}_2$ 分块为 $\boldsymbol{P}_1\boldsymbol{Q}_2=\begin{pmatrix} \boldsymbol{C}_{r\times s} & \boldsymbol{D} \\ \boldsymbol{F} & \boldsymbol{G} \end{pmatrix}$，则有

$$\boldsymbol{AB}=\boldsymbol{P}_1\begin{pmatrix} \boldsymbol{E}_r & \boldsymbol{0} \\ \boldsymbol{0} & \boldsymbol{0} \end{pmatrix}\begin{pmatrix} \boldsymbol{C}_{r\times s} & \boldsymbol{D} \\ \boldsymbol{F} & \boldsymbol{G} \end{pmatrix}\begin{pmatrix} \boldsymbol{E}_s & \boldsymbol{0} \\ \boldsymbol{0} & \boldsymbol{0} \end{pmatrix}\boldsymbol{Q}_2=\boldsymbol{P}_1\begin{pmatrix} \boldsymbol{C}_{r\times s} & \boldsymbol{0} \\ \boldsymbol{0} & \boldsymbol{0} \end{pmatrix}\boldsymbol{Q}_2,$$

于是 $r(\boldsymbol{AB})=r(\boldsymbol{C}_{r\times s})=\min\{r,s\}$.

【例 11】 设 $\boldsymbol{A}$ 为 $n\times n$ 矩阵，证明：必存在自然数 k，使 $r(\boldsymbol{A}^k)=r(\boldsymbol{A}^{k+1})$.

证明：若 $r(\boldsymbol{A})=n$，则对任何自然数 k，有 $r(\boldsymbol{A}^k)=r(\boldsymbol{A}^{k+1})=n$.

若 $r(\boldsymbol{A})<n$，由 $n>r(\boldsymbol{A})\geqslant r(\boldsymbol{A}^2)\geqslant\cdots\geqslant r(\boldsymbol{A}^k)\geqslant\cdots$ 可知序列中必有相邻两项相等，即存在 k，使 $r(\boldsymbol{A}^k)=r(\boldsymbol{A}^{k+1})$.

【例 12】 设 $\boldsymbol{A},\boldsymbol{B}$ 为 n 阶方阵，且 $\boldsymbol{A}^2=\boldsymbol{A}, \boldsymbol{B}^2=\boldsymbol{B}, \boldsymbol{E}-\boldsymbol{A}-\boldsymbol{B}$ 可逆，证明：$r(\boldsymbol{A})=r(\boldsymbol{B})$.

证明：由于 $\boldsymbol{E}-\boldsymbol{A}-\boldsymbol{B}$ 可逆，所以有 $n=r(\boldsymbol{E}-\boldsymbol{A}-\boldsymbol{B})\leqslant r(\boldsymbol{E}-\boldsymbol{A})+r(\boldsymbol{B})$.

因此有 $r(\boldsymbol{B})\geqslant n-r(\boldsymbol{E}-\boldsymbol{A})$.

又因为 $\boldsymbol{A}^2=\boldsymbol{A}$, 所以 $\boldsymbol{A}(\boldsymbol{E}-\boldsymbol{A})=\boldsymbol{0}$, 故有 $r(\boldsymbol{A})+r(\boldsymbol{E}-\boldsymbol{A})\leqslant n$, 所以

$$r(\boldsymbol{A})\leqslant n-r(\boldsymbol{E}-\boldsymbol{A}).$$

由以上两式可得 $r(\boldsymbol{A})\leqslant r(\boldsymbol{B})$.

由题设知 $\boldsymbol{A},\boldsymbol{B}$ 具有对称性，所以 $r(\boldsymbol{A})=r(\boldsymbol{B})$.

【练习】

1．设 $\boldsymbol{A}$ 是 $m\times n$ 矩阵，$\boldsymbol{B}$ 是 $n\times s$ 矩阵且 $\boldsymbol{AB}=\boldsymbol{O}$, 证明：$r(\boldsymbol{A})+r(\boldsymbol{B})\leqslant n$.

2．设 $\boldsymbol{A},\boldsymbol{B},\boldsymbol{C}$ 分别为 $m\times n,n\times s,s\times t$ 矩阵，则 $r(\boldsymbol{ABC})\geqslant r(\boldsymbol{AB})+r(\boldsymbol{BC})-r(\boldsymbol{B})$.

3．设 4 阶方阵 $\boldsymbol{A}$ 的秩为 2，则其伴随矩阵 $\boldsymbol{A}^*$ 的秩为________.

三、抽象矩阵求逆

【例 13】设方阵 $\boldsymbol{A}$ 满足 $\boldsymbol{A}^3-\boldsymbol{A}^2+2\boldsymbol{A}-\boldsymbol{E}=\boldsymbol{0}$, 证明：$\boldsymbol{A}$ 及 $\boldsymbol{E}-\boldsymbol{A}$ 均可逆，并求 $\boldsymbol{A}^{-1}$ 和 $(\boldsymbol{E}-\boldsymbol{A})^{-1}$.

解：（1）观察法：由 $\boldsymbol{A}^3-\boldsymbol{A}^2+2\boldsymbol{A}-\boldsymbol{E}=\boldsymbol{0}$ 可得 $\boldsymbol{A}(\boldsymbol{A}^2-\boldsymbol{A}+2\boldsymbol{E})=\boldsymbol{E}$,

故 $\boldsymbol{A}$ 可逆，且 $\boldsymbol{A}^{-1}=\boldsymbol{A}^2-\boldsymbol{A}+2\boldsymbol{E}$.

（2）待定系数法：设 $(\boldsymbol{E}-\boldsymbol{A})(-\boldsymbol{A}^2+a\boldsymbol{A}+b\boldsymbol{E})=c\boldsymbol{E}$，展开得

$$\boldsymbol{A}^3-(a+1)\boldsymbol{A}^2+(a-b)\boldsymbol{A}+(b-c)\boldsymbol{E}=\boldsymbol{0},$$

与所给等式比较得 $a+1=1,a-b=2,b-c=-1$, 于是 $a=0,b=-2,c=1$, 即有

$(\boldsymbol{E}-\boldsymbol{A})-(\boldsymbol{A}^2-2\boldsymbol{E})=-\boldsymbol{E}$, 也即 $(\boldsymbol{E}-\boldsymbol{A})(\boldsymbol{A}^2+2\boldsymbol{E})=\boldsymbol{E}$,

故 $(\boldsymbol{E}-\boldsymbol{A})^{-1}=\boldsymbol{A}^2+2\boldsymbol{E}$.

【例 14】已知 $\boldsymbol{A}^3=2\boldsymbol{E}$, $\boldsymbol{B}=\boldsymbol{A}^2-2\boldsymbol{A}+2\boldsymbol{E}$, 证明：$\boldsymbol{B}$ 可逆并求其逆.

解：由已知条件得 $\boldsymbol{B}=\boldsymbol{A}^2-2\boldsymbol{A}+\boldsymbol{A}^3=\boldsymbol{A}(\boldsymbol{A}+2\boldsymbol{E})(\boldsymbol{A}-\boldsymbol{E})$.

由 $\boldsymbol{A}^3=2\boldsymbol{E}$, 有：

$$\boldsymbol{A}\left(\frac{1}{2}\boldsymbol{A}^2\right)=\boldsymbol{E},(\boldsymbol{A}+2\boldsymbol{E})\left[\frac{1}{10}(\boldsymbol{A}^2-2\boldsymbol{A}+4\boldsymbol{E})\right]=\boldsymbol{E},(\boldsymbol{A}-\boldsymbol{E})(\boldsymbol{A}^2+\boldsymbol{A}+\boldsymbol{E})=\boldsymbol{E},$$

故 $\boldsymbol{B}$ 可逆，且

$$\begin{aligned}\boldsymbol{B}^{-1}&=(\boldsymbol{A}-\boldsymbol{E})^{-1}(\boldsymbol{A}+2\boldsymbol{E})^{-1}\boldsymbol{A}^{-1}\\&=(\boldsymbol{A}^2+\boldsymbol{A}+\boldsymbol{E})\frac{1}{10}(\boldsymbol{A}^2-2\boldsymbol{A}+4\boldsymbol{E})\left(\frac{1}{2}\boldsymbol{A}^2\right)\\&=\frac{1}{10}(\boldsymbol{A}^2+3\boldsymbol{A}+4\boldsymbol{E}).\end{aligned}$$

【例 15】设三阶方阵 $\boldsymbol{A},\boldsymbol{B}$ 满足 $\boldsymbol{A}^2\boldsymbol{B}-\boldsymbol{A}-\boldsymbol{B}=\boldsymbol{E}$, 若 $\boldsymbol{A}=\begin{pmatrix}1&0&1\\0&2&0\\-2&0&1\end{pmatrix}$, 求 $|\boldsymbol{B}|$.

解：由 $A^2B-A-B=E$ 得 $(A^2-E)B=A+E$，注意到 $A+E$ 可逆，解得 $(A-E)B=E$，于是 $B=(A-E)^{-1}$，故 $|B|=\left|(A-E)^{-1}\right|=\dfrac{1}{|A-E|}=\dfrac{1}{2}$.

【例 16】设方阵 A 满足 $A^2+2A-3E=0$. 证明：

（1）$A+4E$ 可逆，并求逆；

（2）讨论 $A+nE$ 的可逆性（n 为自然数）.

解：（1）由 $(A+4E)(A-2E)=-5E$ 得 $A+4E$ 可逆，且 $(A+4E)^{-1}=-\dfrac{1}{5}(A-2E)$.

（2）$(A+nE)(A+(2-n)E)=(-n^2+2n+3)E$，从而当 $-n^2+2n+3\neq 0$，即 $n\neq 3$ 时，$A+nE$ 可逆.

四、初等变换与初等矩阵

1．定义

由单位矩阵 E 经过一次初等变换得到的矩阵称为初等矩阵．初等矩阵共三种类型：

（1）互换矩阵 E 的 i 行与 j 行的位置，得 $P(i,j)$；

（2）用数域 P 中非零数 c 乘 E 的 i 行，有 $P(i(c))$；

（3）把矩阵 E 的 j 行的 k 倍加到 i 行，有 $P(i,j(k))$.

2．性质

（1）初等矩阵都是可逆的，它们的逆矩阵还是初等矩阵．事实上

$$P(i,j)^{-1}=P(i,j)\ ,\ P(i(c))^{-1}=P(i(c^{-1}))\ ,\ P(i\ ,j(k))^{-1}=P(i\ ,j(-k)).$$

（2）对一个 $s\times n$ 矩阵 A 作一初等行变换就相当于在 A 的左边乘上相应的 $s\times s$ 初等矩阵；对 A 作一初等列变换就相当于在 A 的右边乘上相应的 $n\times n$ 的初等矩阵.

【例 17】计算 $\begin{pmatrix}0&1&0\\1&0&0\\0&0&1\end{pmatrix}^{2001}\begin{pmatrix}1&2&3\\4&5&6\\7&8&9\end{pmatrix}\begin{pmatrix}0&0&1\\0&1&0\\1&0&0\end{pmatrix}^{2000}$.

解：用 $P(1,2)=\begin{pmatrix}0&1&0\\1&0&0\\0&0&1\end{pmatrix}$ 左乘矩阵 $A=\begin{pmatrix}1&2&3\\4&5&6\\7&8&9\end{pmatrix}$，所得矩阵 $P(1,2)A$ 是交换矩阵 A 的第 1,2 行，$P(1,2)^{2001}A$ 表示对 A 做了奇数次的第 1,2 两行的对换，因而 $P(1,2)^{2001}A=\begin{pmatrix}4&5&6\\1&2&3\\7&8&9\end{pmatrix}$，

右乘同理，得

$$\begin{pmatrix}0&1&0\\1&0&0\\0&0&1\end{pmatrix}^{2001}\begin{pmatrix}1&2&3\\4&5&6\\7&8&9\end{pmatrix}\begin{pmatrix}0&0&1\\0&1&0\\1&0&0\end{pmatrix}^{2000}=\begin{pmatrix}4&5&6\\1&2&3\\7&8&9\end{pmatrix}.$$

【例 18】已知 $\boldsymbol{A},\boldsymbol{B}$ 均是三阶方阵，将 $\boldsymbol{A}$ 中第 3 行的-2 倍加到第二行得到矩阵 $\boldsymbol{A}_1$，将 $\boldsymbol{B}$ 的第 2 列加到第 1 列得到矩阵 $\boldsymbol{B}_1$，又知 $\boldsymbol{A}_1\boldsymbol{B}_1=\begin{pmatrix}1&1&1\\0&2&2\\0&0&3\end{pmatrix}$，求 $\boldsymbol{AB}$.

解：$\boldsymbol{A}_1\boldsymbol{B}_1=\boldsymbol{P}(2,3(-2))\boldsymbol{ABP}(2,1(1))$，得 $\boldsymbol{AB}=\begin{pmatrix}0&1&1\\-2&2&8\\0&0&3\end{pmatrix}$.

【例 19】设 $\boldsymbol{A}$ 的伴随矩阵 $\boldsymbol{A}^*=\begin{pmatrix}1&0&0&0\\0&1&0&0\\1&0&1&0\\0&-3&0&8\end{pmatrix}$，且 $\boldsymbol{AXA}^{-1}=\boldsymbol{XA}^{-1}+3\boldsymbol{E}$，求 $\boldsymbol{X}$.

解：由 $\boldsymbol{AXA}^{-1}=\boldsymbol{XA}^{-1}+3\boldsymbol{E}$ 得 $(\boldsymbol{A}-\boldsymbol{E})\boldsymbol{XA}^{-1}=3\boldsymbol{E}$，于是 $\boldsymbol{X}=3(\boldsymbol{A}-\boldsymbol{E})^{-1}\boldsymbol{A}$.

由于 $|\boldsymbol{A}^*|=8$，由 $\boldsymbol{AA}^*=|\boldsymbol{A}|\boldsymbol{E}$ 得 $|\boldsymbol{A}||\boldsymbol{A}^*|=|\boldsymbol{A}|^4$，即 $|\boldsymbol{A}|^3=|\boldsymbol{A}^*|=8$，从而 $|\boldsymbol{A}|=2$，故

$$\boldsymbol{A}=|\boldsymbol{A}|(\boldsymbol{A}^*)^{-1}=2(\boldsymbol{A}^*)^{-1}=\begin{pmatrix}2&0&0&0\\0&2&0&0\\-2&0&2&0\\0&\frac{3}{4}&0&\frac{1}{4}\end{pmatrix},$$

又可求得 $(\boldsymbol{A}-\boldsymbol{E})^{-1}=\begin{pmatrix}1&0&0&0\\0&1&0&0\\-2&0&1&0\\0&\frac{3}{4}&0&-\frac{3}{4}\end{pmatrix}^{-1}=\begin{pmatrix}1&0&0&0\\0&1&0&0\\2&0&1&0\\0&1&0&-\frac{3}{4}\end{pmatrix}$，

故 $\boldsymbol{X}=3(\boldsymbol{A}-\boldsymbol{E})^{-1}\boldsymbol{A}=\begin{pmatrix}6&0&0&0\\0&6&0&0\\6&0&6&0\\0&3&0&-1\end{pmatrix}$.

【例 20】设 $\boldsymbol{A}$ 为主对角线上元素为$1,-2,1$ 的三阶对角方阵，$\boldsymbol{B}$ 为三阶方阵且 $\boldsymbol{A}^*\boldsymbol{BA}=2\boldsymbol{BA}-8\boldsymbol{E}$. 求 $\boldsymbol{B}$.

解：由 $\boldsymbol{A}^*\boldsymbol{BA}=2\boldsymbol{BA}-8\boldsymbol{E}$ 得 $(2\boldsymbol{E}-\boldsymbol{A}^*)\boldsymbol{BA}=8\boldsymbol{E}$. 故 $2\boldsymbol{E}-\boldsymbol{A}^*$ 可逆且由 $|\boldsymbol{A}|=-2$ 得

$$B=8(2E-A^*)^{-1}A^{-1}=8[A(2E-A^*)]^{-1}=8(2A-|A|E)^{-1}.$$

由此得 B 为主对角线上元素为 2，–4,2 的对角矩阵.

五、分块初等变换及应用

1．定义

由将 $m+n$ 阶单位矩阵分块为 $\begin{pmatrix} E_m & 0 \\ 0 & E_n \end{pmatrix}$，对它进行两行互换得 $\begin{pmatrix} 0 & E_n \\ E_m & 0 \end{pmatrix}$ 或某一行乘可逆矩阵 P 得 $\begin{pmatrix} P & 0 \\ 0 & E_n \end{pmatrix}$，$\begin{pmatrix} E_m & 0 \\ 0 & P \end{pmatrix}$ 或一行加上另一行的 P（矩阵）倍数得 $\begin{pmatrix} E_m & P \\ 0 & E_n \end{pmatrix}$，$\begin{pmatrix} E_m & 0 \\ P & E_n \end{pmatrix}$，称这些矩阵为分块初等矩阵.

2．性质

（1）分块初等矩阵都是可逆的．事实上 $\begin{pmatrix} 0 & E_n \\ E_m & 0 \end{pmatrix}^{-1}=\begin{pmatrix} 0 & E_m \\ E_n & 0 \end{pmatrix}$，

$$\begin{pmatrix} P & 0 \\ 0 & E_n \end{pmatrix}^{-1}=\begin{pmatrix} P^{-1} & 0 \\ 0 & E_n \end{pmatrix},\begin{pmatrix} E_m & P \\ 0 & E_n \end{pmatrix}^{-1}=\begin{pmatrix} E_m & -P \\ 0 & E_n \end{pmatrix}.$$

（2）用分块初等矩阵左乘 $\begin{pmatrix} A & B \\ C & D \end{pmatrix}$（要可乘，可加）相当于对其作相应的分块初等行变换.

【例 21】设 A 是 $m\times n$ 矩阵，B 是 $n\times m$ 矩阵，证明：$|E_m+AB|=|E_n+BA|$.

证明：构造分块矩阵并利用分块矩阵的性质得

$$\begin{pmatrix} E_m & A \\ 0 & E_n \end{pmatrix}\begin{pmatrix} E_m & -A \\ B & E_n \end{pmatrix}=\begin{pmatrix} E_m+AB & 0 \\ B & E_n \end{pmatrix},\begin{pmatrix} E_m & A \\ -B & E_n \end{pmatrix}\begin{pmatrix} E_m & -A \\ B & E_n \end{pmatrix}=\begin{pmatrix} E_m & -A \\ 0 & E_n+BA \end{pmatrix}$$

故

$$|E_m+AB|=\begin{vmatrix} E_m+AB & 0 \\ B & E_n \end{vmatrix}=\begin{vmatrix} E_m & -A \\ B & E_n \end{vmatrix}=\begin{vmatrix} E_m & -A \\ 0 & E_n+BA \end{vmatrix}=|E_n+BA|.$$

【例 22】设 A 为 n 阶非奇异矩阵，α 为 n 维列向量，b 为常数，记分块矩阵

$$P=\begin{pmatrix} E & 0 \\ -\alpha^{\mathrm{T}}A^* & |A| \end{pmatrix},Q=\begin{pmatrix} A & \alpha \\ \alpha^{\mathrm{T}} & b \end{pmatrix}$$

（1）计算并简化 PQ；

（2）证明矩阵 Q 可逆的充分必要条件是 $\alpha^{\mathrm{T}}A^{-1}\alpha\neq b$.

解：（1）因为 $AA^*=A^*A=|A|E$，故

$$PQ=\begin{pmatrix}E & 0\\ -\alpha^{T}A^{*} & |A|\end{pmatrix}\begin{pmatrix}A & \alpha\\ \alpha^{T} & b\end{pmatrix}$$

$$=\begin{pmatrix}A & \alpha\\ -\alpha^{T}A^{*}A+|A|\alpha^{T} & -\alpha^{T}A^{*}\alpha+b|A|\end{pmatrix}$$

$$=\begin{pmatrix}A & \alpha\\ 0 & |A|(b-\alpha^{T}A^{-1}\alpha)\end{pmatrix}.$$

（2）由（1）可得 $|PQ|=|A|^{2}(b-\alpha^{T}A^{-1}\alpha)$，而 $|PQ|=|P||Q|$，且 $|P|=|A|\neq 0$，故 $|Q|=|A|(b-\alpha^{T}A^{-1}\alpha)$，

由此可知，$|Q|\neq 0$ 的充分必要条件为 $\alpha^{T}A^{-1}\alpha\neq b$，即矩阵 Q 可逆的充分必要条件是 $\alpha^{T}A^{-1}\alpha\neq b$.

【例 23】 求满足 $A^{*}=A$ 的所有 n 阶方阵 A .

解： 若 $A=0$，则显然 $A^{*}=A$.

若 $0<r(A)<n-1$，则 $A^{*}=0$，故此时 $A^{*}\neq A$.

若 $r(A)=n-1$，则 $r(A^{*})=1$. 故当 $n>2$ 时，$A^{*}\neq A$；当 $n=2$ 时，亦可验证 $A^{*}\neq A$.

若 $r(A)=n$，则 $A^{*}=|A|A^{-1}=A\Leftrightarrow A^{2}=|A|E$.

因此，满足 $A^{*}=A$ 的所有 n 阶方阵是：零方阵及适合 $A^{2}=|A|E$ 的一切满秩方阵.

【例 24】 设 A 是秩为 r 的 $m\times n$ 矩阵，证明：

（1）存在可逆方阵 P，使的 PA 后 $m-r$ 行全为 0；

（2）存在可逆方阵 Q，使的 AQ 后 $n-r$ 列全为 0；

（3）若 $m=n$，则存在 n 可逆方阵 P 使 PAP^{-1} 的后 $n-r$ 行全为 0.

证明：（1）因 $r(A)=r$，故存在可逆方阵 P,Q 使 $PAQ=\begin{pmatrix}E_r & 0\\ 0 & 0\end{pmatrix}$.

令 $Q^{-1}=\begin{pmatrix}Q_1\\ Q_2\end{pmatrix}$（$Q_1$ 为 r 行子块）. 于是

$$PA=\begin{pmatrix}E_r & 0\\ 0 & 0\end{pmatrix}Q^{-1}=\begin{pmatrix}E_r & 0\\ 0 & 0\end{pmatrix}\begin{pmatrix}Q_1\\ Q_2\end{pmatrix}=\begin{pmatrix}Q_1\\ 0\end{pmatrix}.$$

（2）把（1）中的行改为列.

（3）因为 $r(A)=r$，故由（1）知存在可逆方阵 P 使

$$PA=\begin{pmatrix}Q_1\\ 0\end{pmatrix},PAP^{-1}=\begin{pmatrix}Q_1\\ 0\end{pmatrix}P^{-1}=\begin{pmatrix}Q_1P^{-1}\\ 0\end{pmatrix},$$

其中 Q_1P^{-1} 为 $r\times n$ 子块，PAP^{-1} 的后 $n-r$ 行全为 0.

第四章

多项式

多项式分为一元多项式和多元多项式两部分，以一元多项式为主.

一元多项式可归纳为以下四个方面：

（1）一般理论：概念、运算、性质.

（2）整除理论：整除、最大公因式、互素的概念与性质.

（3）因式分解理论：不可约多项式、因式分解、重因式、实数域和复数域上的多项式的因式分解、有理系数多项式不可约的判别.

（4）根的理论：多项式函数、多项式的根、代数学基本定理、有理系数多项式的有理根求法、根与系数的关系.

两个重点：整除与因式分解的理论.

三大基本定理：带余除法定理，最大公因式的存在表示定理，因式分解唯一性定理.

一、多项式的一般理论：概念、运算、性质

【例 1】 设 $f(x),g(x)$ 与 $h(x)$ 均为实数域上的多项式. 证明：若 $f^2(x)=xg^2(x)+xh^2(x)$，那么（1）$f(x)=g(x)=h(x)=0$.（2）在复数域上，上述命题是否成立？

证明：若 $f(x)\neq 0$ 则 $f^2(x)$ 次数为偶数. 但 $f^2(x)=x(g^2(x)+h^2(x))$，故 $g^2(x)+h^2(x)\neq 0$ 且 $x(g^2(x)+h^2(x))$ 次数为奇数，矛盾. 因此 $f(x)=0$.

从而 $g^2(x)+h^2(x)=0$. 又因为 $g(x)$，$h(x)$ 均为实系数多项式，故若 $g(x)\neq 0$，则必 $h(x)\neq 0$ 且 $g^2(x)+h^2(x)$ 的次数必大于 0，矛盾. 因此 $g(x)=h(x)=0$.

复数域上，不成立. 例如：$f(x)=0,g(x)=x,h(x)=ix$.

【例 2】 如果 $f(x)$ 对任何数 a,b 都有 $f(a+b)=f(a)+f(b)$,则必 $f(x)=kx$,其中 k 为一常数.

证明：若 $f(x)=0$,则结论显然. 下设 $f(x)\neq 0$.

设 $f(x)=a_nx^n+a_{n-1}x^{n-1}+\cdots+a_0$, 且 $a_n\neq 0$, 则由 $f(0+0)=f(0)+f(0)$, 得 $a_0=0$. 下证 $n=1$. 若 $n>1$, 则对 $b\neq 0$, 由 $f(x+b)=f(x)+f(b)$, 得

$$a_n(x+b)^n+a_{n-1}(x+b)^{n-1}+\cdots+a_1(x+b)=a_nx^n+a_{n-1}x^{n-1}+\cdots+a_1x+f(b),$$

比较两端 x^{n-1} 的系数，得 $a_n(nb)+a_{n-1}=a_{n-1},a_n=0$,矛盾. 因此 $n=1$. 即 $f(x)=kx$.

【练习】

设 $f(x)$ 为一多项式，若 $f(x+y)=f(x)\cdot f(y),(x,y\in R)$, 则 $f(x)=0$ 或 $f(x)=1$.

二、整除理论：带余除法、整除、最大公因式、互素

【例 3】证明： $x^m-1\mid x^n-1\Leftrightarrow m\mid n$.

证明：充分性：设 $m\mid n$ 且 $n=mq$, 则 $x^n-1=(x^m-1)(x^{m(q-1)}+x^{m(q-2)}+\cdots+x^m+1)$ ，故 $x^m-1\mid x^n-1$.

必要性：设 $x^m-1\mid x^n-1$ 且 $n=mq+r,0\leqslant r<m$. 则

$$x^n-1=x^{mq+r}-1=(x^{mq}-1)x^r+x^r-1.$$

但因为 $x^m-1\mid x^n-1,x^m-1\mid x^{mq}-1$, 故 $x^m-1\mid x^r-1$. 又因为 $0\leqslant r<m$ ，故 $r=0$. 从而 $m\mid n$.

【例 4】如果 $x^2+x+1\mid f_1(x^3)+xf_2(x^3)$, 证明： $(x-1)\mid f_1(x),(x-1)\mid f_2(x)$.

证明： $x^2+x+1=(x-w_1)(x-w_2)$, 其中 w_1,w_2 是不等于 1 的两个 3 次单位根. 由题设有 $f_1(x^3)+xf_2(x^3)=(x^2+x+1)h(x)$ ，因此有

$$f_1(1)+w_1f_2(1)=0,f_1(1)+w_2f_2(1)=0,$$

由此得 $f_1(1)=f_2(1)=0$ ，即 $(x-1)\mid f_1(x),(x-1)\mid f_2(x)$.

【练习】

1.（西北大学 2020）已知 $x^4+x^3+x^2+x+1\mid x^3f_1(x^5)+x^2f_2(x^5)+xf_3(x^5)+f_4(x^5)$.

证明： $(x-1)\mid f_i(x),i=1,2,3,4$, 其中 $f_i(x)$ 是实系数多项式.

2.（陕师大 2020）设 $f_k(x),(x=1,2,\cdots,n)$ 是数域 P 上的多项式. 证明：

$x^n+x^{n-1}+\cdots+x^2+x+1\mid x^{n-1}f_1(x^{n+1})+x^{n-2}f_2(x^{n+1})+\cdots+xf_{n-1}(x^{n+1})+f_n(x^{n+1})$ 的充要条件为 $(x-1)\mid f_k(x)$.

【例 5】设多项式 $f(x)$ 被 $x-1,x-2,x-3$ 除所得的余数依次为 4,8,16. 求 $f(x)$ 被 $(x-1)(x-2)(x-3)$ 除所得的余式.

解：由假设可知 $f(1)=4,f(2)=8,f(3)=16$.

设 $f(x)=(x-1)(x-2)(x-3)q(x)+ax^2+bx+c$, 得

$$f(1)=a+b+c=4,\ f(2)=4a+2b+c=8,\ f(3)=9a+3b+c=16.$$

解此方程组得 $a=2,b=-2,c=4$.

因此 $f(x)$ 被 $(x-1)(x-2)(x-3)$ 除所得的余式为 $2x^2-2x+4$.

【例 6】设 $f(x)=x^4+3x^3-x^2-4x-3$ 与 $g(x)=3x^3+10x^2+2x-3$, 求 $(f(x),g(x))$, 并求 $u(x)$, $v(x)$ 使 $(f(x),g(x))=u(x)f(x)+v(x)g(x)$.

解：用辗转相除法得

$$f(x)=\left(\frac{1}{3}x-\frac{1}{9}\right)g(x)+\left(-\frac{5}{9}x^2-\frac{25}{9}x-\frac{10}{3}\right),$$

$$g(x)=\left(-\frac{27}{5}x+9\right)\left(-\frac{5}{9}x^2-\frac{25}{9}x-\frac{10}{3}\right)+(9x+27),$$

$$-\frac{5}{9}x^2-\frac{25}{9}x-\frac{10}{3}=\left(-\frac{5}{81}x-\frac{10}{81}\right)(9x+27).$$

因此 $(f(x),g(x))=x+3$.

而
$$\begin{aligned}9x+27&=g(x)-\left(-\frac{27}{5}x+9\right)\left(-\frac{5}{9}x^2-\frac{25}{9}x-\frac{10}{3}\right)\\&=g(x)-\left(-\frac{27}{5}x+9\right)\left[f(x)-\left(\frac{1}{3}x-\frac{1}{9}\right)g(x)\right]\\&=\left(\frac{27}{5}x-9\right)f(x)+\left[1-\left(\frac{27}{5}x-9\right)\left(\frac{1}{3}x-\frac{1}{9}\right)\right]g(x)\\&=\left(\frac{27}{5}x-9\right)f(x)+\left(-\frac{9}{5}x^2+\frac{18}{5}x\right)g(x).\end{aligned}$$

于是令 $u(x)=\frac{3}{5}x-1,v(x)=-\frac{1}{5}x^2+\frac{2}{5}x$,就有 $(f(x),g(x))=u(x)f(x)+v(x)g(x)$.

【例 7】 设 $f(x)=x^3+(1+t)x^2+4x+k$ 与 $g(x)=x^3+tx^2+k$ 的最大公因式是 2 次的，求 t,k.

解：因为 $f(x)=g(x)+x^2+4x,\ g(x)=(x^2+4x)(x+t-4)-4(t-4)x+k$，且 $f(x)$ 与 $g(x)$ 的最大公因式是 2 次的，故 $-4(t-4)x+k=0$. 从而

$$-4(t-4)=0,k=0,\ 即\ t=4,k=0.$$

【例 8】 证明：$(f(x)h(x),g(x)h(x))=(f(x),g(x))h(x)$, 其中 $h(x)$ 的首项系数为 1.

证明：因为 $(f(x),g(x))\mid f(x),g(x)$, 所以 $(f(x),g(x))h(x)\mid f(x)h(x),g(x)h(x)$.

$(f(x),g(x))h(x)$ 是 $f(x)h(x),g(x)h(x)$ 的一个公因式.

设 $(f(x),g(x))=u(x)f(x)+v(x)g(x)$. 则

$$(f(x),g(x))h(x)=u(x)(f(x)h(x))+v(x)(g(x)h(x)).$$

即 $(f(x),g(x))h(x)$ 是 $f(x)h(x),g(x)h(x)$ 的一个公因式. 又因为 $h(x)$ 的首项系数为 1，因此 $(f(x),g(x))h(x)$ 的首项系数为 1. 所以 $(f(x)h(x),g(x)h(x))=(f(x),g(x))h(x)$.

【例 9】 证明：$(f(x),g(x))=1$ 当且仅当 $(f(x)+g(x),f(x)g(x))=1$.

证明：由于 $(f(x),g(x))=1$ ，所以存在多项式 $u(x),v(x)$, 使 $u(x)f(x)+v(x)g(x)=1$,

由此可得
$$(u(x)-v(x))f(x)+v(x)(f(x)+g(x))=1,$$
$$(v(x)-u(x))g(x)+u(x)(f(x)+g(x))=1,$$

于是由互素的充分必要条件知 $(f(x),f(x)+g(x))=1,(g(x),f(x)+g(x))=1$,

根据结论若 $(f(x),g(x))=1$，$(f(x),h(x))=1$, 那么 $(f(x),g(x)h(x))=1$. 即知

$$(f(x)+g(x),f(x)g(x))=1.$$

补充证明：若 $(f(x),g(x))=1$，$(f(x),h(x))=1$, 那么 $(f(x),g(x)h(x))=1$.

由于 $(f(x),g(x))=1$，$(f(x),h(x))=1$, 所以存在多项式 $u_1(x),v_1(x),u_2(x),v_2(x)$ 使 $u_1(x)f(x)+v_1(x)g(x)=1$, $u_2(x)f(x)+v_2(x)h(x)=1$，两式相乘得

$$[u_1(x)u_2(x)f(x)+v_1(x)u_2(x)g(x)+u_1(x)v_2(x)h(x)]f(x)+v_1(x)v_2(x)g(x)h(x)=1,$$

从而由互素的充分必要条件知 $(f(x),g(x)h(x))=1$.

【练习】

证明：若 $(f(x),g(x))=1$, 则 $(f(x)g(x),f(x)+g(x))=1$.（长安大学 2020 年真题）

【例 10】设 $a,b,c,d\in P$, 且 $ad-bc\neq 0$, $f(x),g(x)\in P[x]$, 则

$$(f(x),g(x))=(af(x)+bg(x),cf(x)+dg(x))..$$

证明：令 $d(x)=(f(x),g(x))$, $f_1(x)=af(x)+bg(x)$, $g_1(x)=cf(x)+dg(x)$.

由于 $d(x)\mid f(x),d(x)\mid g(x)$, 所以 $d(x)\mid f_1(x),d(x)\mid g_1(x)$.

若 $\varphi(x)\mid f_1(x),\varphi(x)\mid g_1(x)$, 由于

$$f(x)=\frac{1}{ad-bc}(df_1(x)-bg_1(x)),g(x)=\frac{1}{ad-bc}(-cf_1(x)+ag_1(x)),$$

所以 $\varphi(x)\mid f(x),\varphi(x)\mid g(x)$, 从而 $\varphi(x)\mid d(x)$. 故 $d(x)$ 是 $f_1(x),g_1(x)$ 的最大公因式. 又因为 $d(x)$ 的首项系数为 1，故 $(f(x),g(x))=(af(x)+bg(x),cf(x)+dg(x))$.

三、因式分解理论

因式分解理论：不可约多项式、因式分解、重因式、实数域和复数域上的多项式的因式分解、有理系数多项式不可约的判别.

1. 不可约多项式

（1）不可约多项式的概念.

（2）不可约多项式 $p(x)$ 有下列性质：

$\forall f(x)\in F[x]\Rightarrow p(x)\mid f(x)$, 或 $(p(x),f(x))=1$, $p(x)\mid f(x)g(x)\Rightarrow p(x)\mid f(x)$ 或 $p(x)\mid g(x)$.

（3）整系数多项式在有理数域上可约 ⇔ 它在整数环上可约.

（4）艾森斯坦判断法.

2. 因式分解的有关结果

（1）因式分解及唯一性定理.

（2）次数大于零的复系数多项式都可以分解成一次因式的乘积.

（3）次数大于零的实系数多项式都可以分解成一次因式和二次不可约因式的乘积.

3．**重因式**

（1）重因式的概念.

（2）若不可约多项式 $p(x)$ 是 $f(x)$ 的 k 重因式 $(k\geqslant 1)$，则 $p(x)$ 是 $f(x)$ 的 $k-1$ 重因式.

（3）$f(x)$ 没有重因式 $\Leftrightarrow (f(x),f'(x))=1$.

（4）消去重因式的方法：$\dfrac{f(x)}{(f(x),f'(x))}$ 是一个没有重因式的多项式，它与 $f(x)$ 具有完全相同的不可约因式.

【例 11】 证明：$f(x)=1+x+\dfrac{1}{2!}x^2+\cdots+\dfrac{1}{n!}x^n$ 没有重根.

证明：由于 $f'(x)=1+x+\dfrac{1}{2!}x^2+\cdots+\dfrac{1}{(n-1)!}x^{n-1}$，所以 $f(x)-f'(x)=\dfrac{x^n}{n!}$，于是

$$(f(x),f'(x))=(f(x),f(x)-f'(x))=(f(x),\frac{x^n}{n!})=(f(x),x^n)=x^k,$$

其中 k 是 $\leqslant n$ 的非负整数，由于 0 显然不是 $f(x)$ 的根，所以只能是 $k=0$，即 $(f(x),f'(x))=1$，这说明 $f(x)$ 没有重根.

【例 12】 问：a,b 满足何条件时 $f(x)=x^3+3ax+b$ 有重因式？

解：由于 $f'(x)=3x^2+3a$，故 $f(x)=f'(x)\cdot\dfrac{1}{3}x+2ax+b$.

因此，当 $2ax+b=0$ 即 $a=b=0$ 时 $f(x)=x^3$ 显然有重因式.

当 $a\neq 0$ 时，用 $2ax+b$ 除 $f'(x)$ 得

$$f'(x)=(2ax+b)\cdot\frac{3}{2a}\left(x-\frac{b}{2a}\right)+3a+\frac{3b^2}{4a^2}.$$

因此，当 $3a+\dfrac{3b^2}{4a^2}=0$，即 $4a^3+b^2=0$ 时得 $(f(x),f'(x))=x+\dfrac{b}{2a}$，

故此时 $f(x)$ 有重因式，且 $2ax+b$ 为其 2 重因式.

【例 13】 设 $f(x)=(x-a_1)(x-a_2)\cdots(x-a_n)-1$，其中 $a_1,a_2\cdots,a_n$ 是两两不相同的整数. 证明：$f(x)$ 在有理数域上不可约.

证明：利用反证法，若 $f(x)$ 在 Q 上可约，则 $f(x)$ 可以分解为两个次数较低的整系数多项式之积，即 $f(x)=g(x)h(x)$，其中 $g(x),h(x)$ 是整系数多项式，且 $\partial(g(x))<n,\partial(h(x))<n$.

由题设可得

$$f(a_i)=g(a_i)h(a_i)=-1(i=1,2,\cdots,n).$$

此时有 $g(a_i)=1,h(a_i)=-1$ 或 $g(a_i)=-1,h(a_i)=1(i=1,2,\cdots,n)$，即总有

$$g(a_i)+h(a_i)=0(i=1,2,\cdots,n).$$

可见多项式 $g(x)+h(x)$ 有 n 个互异的根. 但 $\partial(g(x))+\partial(h(x))<n$，这与多项式在任一数域中的根的个数不超过多项式的次数的性质相矛盾，所以 $f(x)$ 在有理数域上不可约.

【例 14】设 $f(x)=(x-a_1)^2(x-a_2)^2\cdots(x-a_n)^2+1$ 其中 $a_1,a_2\cdots,a_n$ 是两两不相同的整数. 证明：$f(x)$ 在有理数域上不可约.

证明：因为 $f(x)$ 为首 1 整系数多项式，故若 $f(x)$ 在 Q 上可约，便在整数环上可约. 从而存在首 1 整系数多项式 $g(x),h(x)$ 使

$$f(x)=g(x)h(x), f(a_i)=g(a_i)h(a_i)=1. \tag{1}$$

于是 $g(a_i)=h(a_i),g^2(a_i)=1(i=1,\cdots,n)$.

设 $g(a_i)=-1$, 则因为 $g(x)$ 首系数为 1，故存在实数 c 使 $g(c)>0$. 于是 $g(x)$ 必有实根. 这与 $f(x)$ 显然无实根矛盾. 因此 $g(a_i)=h(a_i)=1,x-a_i$ 整除 $g(x)-1,h(x)-1$.

又 $a_1,a_2\cdots,a_n$ 互异，故 $(x-a_1)(x-a_2)\cdots(x-a_n)$ 整除 $g(x)-1,h(x)-1$. 设

$$g(x)=(x-a_1)(x-a_2)\cdots(x-a_n)g_1(x)+1,$$

$$h(x)=(x-a_1)(x-a_2)\cdots(x-a_n)h_1(x)+1. \tag{2}$$

由（1）知，$\partial(g(x))+\partial(h(x))=2n$; 由（2）知，$g_1(x)=h_1(x)=1$.

从而 $g(x)=h(x)=(x-a_1)(x-a_2)\cdots(x-a_n)+1$. 带入（1）得 $2(x-a_1)(x-a_2)\cdots(x-a_n)=0$, 矛盾. 因此，$f(x)$ 在 Q 上不可约.

【例 15】(2017 年西安建筑科技大学)设 $f(x)=x^p+px+1$, 其中 p 为奇素数, 证明 $f(x)$ 在有理数域上不可约.

证明：令 $x=y-1$, 代入 $f(x)=x^p+px+1$，得

$$g(y)=f(y-1)=y^p-C_p^1y^{p-1}+C_p^2y^{p-2}-\cdots-C_p^{p-2}y^2+(C_p^{p-1}+p)y-p$$

由于 p 为素数, 且 $p\nmid 1,p\mid C_p^i,i=1,2,\cdots,p-2,p\mid(C_p^{p-1}+p),p^2\nmid p$，故由艾森斯坦判断法知. $g(y)$ 在有理数域上不可约，从而 $f(x)$ 在有理数域上不可约.

四、根的理论

多项式函数、多项式的根、代数学基本定理、有理系数多项式的有理根求法、根与系数的关系.

（1）多项式函数，根和重根的概念.

（2）余数定理. $x-c$ 去除 $f(x)$ 所得的余式为 $f(x)$，则 $x-c\mid f(x)\Leftrightarrow f(c)=0$.

（3）有理系数多项式的有理根的求法.

（4）实系数多项式虚根成对定理.

（5）代数基本定理. 每个 $n(n\geqslant 1)$ 次复系数多项式在复数域中至少有一个根. 因而 n 次复系数多项式恰有 n 个根（重根按重数计算).

（6）韦达定理.

（7）根的个数定理. $F[x]$ 中 n 次多项式 $(n\geqslant 0)$ 在数域 F 中至多有 n 个根.

（8）多项式函数相等与多项式相等是一致的.

设 $f(x)=x^n+a_1x^{n-1}+\cdots+a_n$ 是一个 $n(n>0)$ 次多项式，那么在复数域 C 中 $f(x)$ 有 n 个根 $\alpha_1,\alpha_2,\cdots,\alpha_n$，因而在 $C[x]$ 中 $f(x)$ 完全分解为一次因式的乘积：

$$f(x)=(x-\alpha_1)(x-\alpha_2)\cdots(x-\alpha_n),$$

展开这一等式右端的括号，合并同次项，然后比较两端系数，得到根与系数的关系.

$$a_1=-(\alpha_1+\alpha_2+\cdots+\alpha_n),$$

$$a_2=(\alpha_1\alpha_2+\alpha_1\alpha_3+\cdots+\alpha_{n-1}\alpha_n),$$

$$a_3=-(\alpha_1\alpha_2\alpha_3+\alpha_1\alpha_2\alpha_4+\cdots+\alpha_{n-2}\alpha_{n-1}\alpha_n),$$

$$\vdots$$

$$a_{n-1}=(-1)^{n-1}(\alpha_1\alpha_2\cdots\alpha_{n-1}+\alpha_1\alpha_3\cdots\alpha_n+\cdots+\alpha_2\alpha_3\cdots\alpha_n),\quad a_n=(-1)^n\alpha_1\alpha_2\cdots\alpha_n.$$

其中第 $k(k=1,2,\cdots,n)$ 个等式的右端是一切可能的 k 个根的乘积之和，乘以 $(-1)^k$.

若多项式

$$f(x)=a_0x^n+a_1x^{n-1}+\cdots+a_n$$

的首项系数 $a_0\neq1$，那么应用根与系数的关系时须先用 a_0 除所有的系数，这样做多项式的根并无改变. 这时根与系数的关系取以下形式：

$$\frac{a_1}{a_0}=-(\alpha_1+\alpha_2+\cdots+\alpha_n),$$

$$\frac{a_2}{a_0}=(\alpha_1\alpha_2+\alpha_1\alpha_3+\cdots+\alpha_{n-1}\alpha_n),$$

$$\vdots$$

$$\frac{a_n}{a_0}=(-1)^n\alpha_1\alpha_2\cdots\alpha_n.$$

利用根与系数的关系容易求出有已知根的多项式.

【例 16】设 $f(x)=x^3+ax^2+bx+c$ 是整系数多项式，证明：若 $(a+b)c$ 为奇数，则 $f(x)$ 在有理数域上不可约.

证明：利用反证法，若 $f(x)$ 在 Q 上可约，则在整数环上可约. 设

$$f(x)=(x+p)(x^2+qx+r)\ \text{（}p,q,r\text{ 是整数）}.$$

则因为 $(a+b)c$ 为奇数，故 $a+b$ 与 c 都是奇数，从而由 $f(0)=pr=c$ 知：p 与 r 都是奇数.

又当 $x=1$ 时由上式得 $(1+p)(1+q+r)=f(1)=1+a+b+c$. 此式左端是偶数，右端是奇数，矛盾. 故 $f(x)$ 在有理数域上不可约.

【例 17】设多项式 $f(x)$ 除以 x^2+1,x^2+2 的余式分别为 $4x+4,4x+8$. 求多项式 $f(x)$ 除

以 $(x^2+1)(x^2+2)$ 的余式.

解：由题设可知，x^2+1 的根为 $\pm i$, x^2+2 的根为 $\pm\sqrt{2}i$, 则

$$f(i)=4i+4, f(-i)=-4i+4, f(\sqrt{2}i)=4\sqrt{2}i+8, f(-\sqrt{2}i)=-4\sqrt{2}i+8.$$

设 $f(x)=(x^2+1)(x^2+2)q(x)+ax^3+bx^2+cx+d$, 于是

$$\begin{cases} f(i)=-ai-b+ci+d=4i+4 \\ f(-i)=ai-b-ci+d=-4i+4 \\ f(\sqrt{2}i)=-2\sqrt{2}ia-2b+\sqrt{2}ic+d=4\sqrt{2}i+8 \\ f(-\sqrt{2}i)=2\sqrt{2}ia-2b-\sqrt{2}ic+d=-4\sqrt{2}i+8 \end{cases},$$

解得 $a=0, b=-4, c=4, d=0$, 故余式为 $r(x)=-4x^2+4x$.

【例 18】 证明：如果 $f(x)\mid f(x^n)$, 那么 $f(x)$ 的根只能是零或单位根.

证明：假设 α 是 $f(x)$ 的一个根，可得 α^n 也是 $f(x)$ 的根，再次利用余数定理，得到 $(\alpha^n)^n=\alpha^{n^2}$ 也是 $f(x)$ 的根，依此类推，得到 $\alpha,\alpha^n,\alpha^{n^2},\alpha^{n^3},\cdots$ 都是 $f(x)$ 的根，但是 $f(x)$ 的根只有有限个，所以必然存在 $1\leqslant k\leqslant l$ 使得 $\alpha^{n^k}=\alpha^{n^l}$, 即 $\alpha^{n^k}(\alpha^{n^l-n^k}-1)=0$，所以 α 是零或单位根.

【例 19】 求出所有满足 $(x-1)f(x+1)=(x+2)f(x)$ 的实系数多项式 $f(x)$.

解：由于 $(x-1)f(x+1)=(x+2)f(x)$，所以 $x-1\mid f(x)$ 且 $x+2\mid f(x+1)$, 由余数定理得 $f(1)=f(-1)=0$, 所以可设 $f(x)=(x-1)(x+1)g(x)$, 代入原式得

$$(x-1)x(x+2)g(x+1)=(x+2)(x-1)(x+1)g(x),$$

化简得 $xg(x+1)=(x+1)g(x)$, 同样的方法得到 $g(0)=0$, 所以可设 $g(x)=xh(x)$, 再次代入得 $h(x+1)=h(x)$, 这说明 $h(x)$ 只能为常值函数，不妨设 $h(x)=k$, 则

$$f(x)=(x-1)(x+1)xh(x)=kx(x-1)(x+1),$$

其中 k 为任意实数.

【例 20】 设 $f(x)$ 是有理数域上的 n 次 $(n\geqslant 2)$ 多项式，并且它在有理数域上不可约，但知 $f(x)$ 的一根的倒数也是 $f(x)$ 的根. 证明：$f(x)$ 的每一根的倒数都是 $f(x)$ 的根.

证明：设 b 是 $f(x)$ 的一根，$\dfrac{1}{b}$ 也是 $f(x)$ 的根. 再设 c 是 $f(x)$ 的任一根，下证 $\dfrac{1}{c}$ 也是 $f(x)$ 的根.

令 $g(x)=\dfrac{1}{d}f(x)$, 其中 d 是 $f(x)$ 的首项系数. 不难证明 $g(x)$ 与 $f(x)$ 有相同的根，其中 $g(x)$ 为首项系数为 1 的有理系数不可约多项式，设

$$g(x)=x^n+a_{n-1}x^{n-1}+\cdots+a_1x+a_0\,(a_0\neq 0),$$

由于 $g(b)=b^n+a_{n-1}b^{n-1}+\cdots+a_1b+a_0=0$,

且 $g\left(\frac{1}{b}\right)=\left(\frac{1}{b}\right)^n+a_{n-1}\left(\frac{1}{b}\right)^{n-1}+\cdots+a_1\left(\frac{1}{b}\right)+a_0=0$, 整理得

$$b^n+\frac{a_1}{a_0}b^{n-1}+\cdots+\frac{a_{n-1}}{a_0}b+\frac{1}{a_0}=0,$$

由 $g(x)$ 不可约及以上两式得 $\frac{1}{a_0}=a_0,\frac{a_i}{a_0}=a_{n-i}(i=1,2,\cdots,n-1)$,

于是 $a_0=\pm 1,a_i=\pm a_{n-i}(i=1,2,\cdots,n-1)$,

可见，当 $g(c)=0$ 时有 $g\left(\frac{1}{c}\right)=0$. 故当 $f(c)=0$ 时有 $f\left(\frac{1}{c}\right)=0$.

【例 21】 设 $f(x),g(x)$ 都是 $P[x]$ 中的非零多项式，且 $g(x)=s^m(x)g_1(x)$, 这里 $m\geqslant 1$. 又若 $(s(x),g_1(x))=1$ 且 $s(x)\mid f(x)$，证明：不存在 $f_1(x),r(x)\in P[x]$, 且 $r(x)\neq 0$,

$$\partial(r(x))<\partial(s(x)) \text{ 使 } \frac{f(x)}{g(x)}=\frac{r(x)}{s^m(x)}+\frac{f_1(x)}{s^{m-1}(x)g_1(x)}. \quad (1)$$

证明：利用反证法，若存在 $f_1(x),r(x)$ 使式（1）成立，则用 $g(x)$ 乘（1）式两端，得

$$f(x)=r(x)g_1(x)+f_1(x)s(x). \quad (2)$$

因为 $s(x)\mid f(x),s(x)\mid f_1(x)s(x)$, 由（2）式有 $s(x)\mid r(x)g_1(x)$. 但 $(s(x),g_1(x))=1$，所以 $s(x)\mid r(x)$, 这与 $\partial(r(x))<\partial(s(x))$ 矛盾.

【例 22】 试求 7 次多项式 $f(x)$, 使 $f(x)+1$ 能被 $(x-1)^4$ 整除，而 $f(x)-1$ 能被 $(x+1)^4$ 整除.

解：因为 $x=1$ 至少是 $f(x)+1$ 的 4 重根，所以 $x=1$ 至少是 $f'(x)$ 的 3 重根. 同理可知 $x=-1$ 是 $f'(x)$ 的 3 重根. 又因为 $\partial(f(x))=7$, 故 $\partial(f'(x))=6$. 于是可设

$$f'(x)=a(x-1)^3(x+1)^3=a(x^6-3x^4+3x^2-1),$$

其中，a 为待定常数，从而有 $f(x)=a\left(\frac{1}{7}x^7-\frac{3}{5}x^5+x^3-x\right)+b$.

又由已知 $f(1)=-1,f(-1)=1$, 可得 $a\left(\frac{1}{7}-\frac{3}{5}\right)+b=-1,a\left(-\frac{1}{7}+\frac{3}{5}\right)+b=1$.

解得 $a=\frac{35}{16},b=0$. 因此

$$f(x)=\frac{5}{16}x^7-\frac{21}{16}x^5+\frac{35}{16}x^3-\frac{35}{16}x.$$

【练习】

1. 设 $f(x)$ 是数域 F 上次数大于零的多项式，$c\in F,c\neq 0$.

证明：$f(x-c)\neq f(x)$.

证明：设 $\partial(f(x))=n,x_1,x_2,\cdots,x_n$ 为 $f(x)$ 在复数域上的全部根，则 $x_1+c,x_2+c,\cdots,x_n+c$

为 $f(x-c)$ 在复数域上的全部根．$f(x)$ 在复数域上的全部根和为 $\sum_{i=1}^{n}x_i$，$f(x-c)$ 在复数域上的全部根和为 $\sum_{i=1}^{n}(x_i+c)=\sum_{i=1}^{n}x_i+nc$，由于 $c\neq 0$，故 $f(x)$，$f(x-c)$ 在复数域上的全部根和不相等，故 $f(x-c)\neq f(x)$．

2．如果 α 是 $f'''(x)$ 的一个 k 重根，证明 α 是 $g(x)=\frac{x-\alpha}{2}[f'(x)+f'(\alpha)]-f(x)+f(\alpha)$ 的一个 $k+3$ 重根．

第五章

二次型

一、二次型的概念及矩阵的合同

1. 二次型的基本概念

设 P 是一个数域，一个系数在数域 P 中的 $x_1,\cdots,x_n$ 的二次齐次多项式

$$f(x_1,x_2,\cdots,x_n)=a_{11}x_1^2+2a_{12}x_1x_2+\cdots+2a_{1n}x_1x_n+a_{22}x_2^2+\cdots+2a_{2n}x_2x_n+\cdots+a_{nn}x_n^2$$

称为数域 P 上的一个 n 元二次型，简称二次型.

二次型的矩阵表示：$f(x_1,x_2,\cdots,x_n)=\boldsymbol{X'AX},\boldsymbol{A}=\boldsymbol{A'}$.

设 $x_1,\cdots,x_n;y_1,\cdots,y_n$ 是两组文字，系数在数域 P 中的一组关系式

$$\begin{cases} x_1=c_{11}y_1+c_{12}y_2+\cdots+c_{1n}y_n \\ x_2=c_{21}y_1+c_{22}y_2+\cdots+c_{2n}y_n \\ \qquad\vdots \\ x_n=c_{n1}y_1+c_{n2}y_2+\cdots+c_{nn}y_n \end{cases}$$

称为由 $x_1,\cdots,x_n$ 到 $y_1,\cdots,y_n$ 的一个线性替换，或简称线性替换. 如果系数行列式 $\left|c_{ij}\right|\neq 0$，那么线性替换就称为非退化的.

线性替换把二次型变成二次型.

设二次型 $f(x_1,x_2,\cdots,x_n)=\boldsymbol{X'AX},\boldsymbol{A}=\boldsymbol{A'}$，作非退化线性替换 $\boldsymbol{X}=\boldsymbol{CY}$ 得到一个 $y_1,y_2,\cdots,y_n$ 的二次型 $\boldsymbol{Y'BY}$，

$$f(x_1,x_2,\cdots,x_n)=\boldsymbol{X'AX}=(\boldsymbol{CY})'\boldsymbol{A}(\boldsymbol{CY})=\boldsymbol{Y'C'ACY}=\boldsymbol{Y}'(\boldsymbol{C'AC})\boldsymbol{Y}=\boldsymbol{Y'BY}.$$

矩阵 $\boldsymbol{C'AC}$ 也是对称的，由此即得 $\boldsymbol{B}=\boldsymbol{C'AC}$. 这是前后两个二次型的矩阵的关系.

2. 矩阵的合同

数域 P 上两个 n 阶矩阵 $\boldsymbol{A}$，$\boldsymbol{B}$ 称为合同的，如果有数域 P 上可逆的 $n\times n$ 矩阵 $\boldsymbol{C}$，使得 $\boldsymbol{B}=\boldsymbol{C'AC}$.

合同是矩阵之间的一个关系，具有以下性质：自反性、对称性、传递性.

经过非退化的线性替换，新二次型的矩阵与原来二次型的矩阵是合同的.

二、二次型的标准形与规范形

1．二次型的说法

标准形：$f(x_1,x_2,\cdots,x_n)=d_1x_1^2+d_2x_2^2+\cdots+d_nx_n^2$.

规范形：$f(x_1,x_2,\cdots,x_n)=x_1^2+x_2^2+\cdots+x_p^2-x_{p+1}^2-\cdots-x_r^2$.

数域 P 上任意一个二次型都可以经过非退化线性替换变成 $d_1x_1^2+d_2x_2^2+\cdots+d_nx_n^2$ 的形式.

任意一个复系数的二次型经过一适当的非退化线性替换可以变成规范形，且规范形是唯一的.

任意一个实数域上的二次型，经过一适当的非退化线性替换可以变成规范形，且规范形是唯一的．这个定理通常称为惯性定理.

2．相应的矩阵说法

（1）在数域 P 上，任意一个对称矩阵都合同于一对角矩阵.

（2）任一复对称矩阵 $\boldsymbol{A}$ 都合同于一个下述形式的对角矩阵：

$$\begin{pmatrix}1&&&&&\\&\ddots&&&&\\&&1&&&\\&&&0&&\\&&&&\ddots&\\&&&&&0\end{pmatrix}=\begin{pmatrix}\boldsymbol{I}_r&\boldsymbol{O}\\\boldsymbol{O}&\boldsymbol{O}\end{pmatrix}.$$

其中对角线上 1 的个数等于 $\boldsymbol{A}$ 的秩.

（3）任一实对称矩阵 $\boldsymbol{A}$ 都合同于一个下述形式的对角矩阵：

$$\begin{pmatrix}\boldsymbol{I}_p&0&0\\0&-\boldsymbol{I}_{r-p}&0\\0&0&\boldsymbol{0}\end{pmatrix},$$

其中对角线上 1 的个数 p 及 -1 的个数 $r-p$（r 等于 $\boldsymbol{A}$ 的秩）都是唯一确定的，分别称为 $\boldsymbol{A}$ 的正、负惯性指数，它们的差 $2p-r$ 称为 $\boldsymbol{A}$ 的符号差.

3．二次型化标准形的方法

方法一：配方法．用配方法化二次型为标准形的关键是消去交叉项，分为两种情形：含平方项和不含平方项.

方法二：初等变换法．用初等变换法化二次型为标准形的步骤如下：

（1）写出二次型的矩阵 $\boldsymbol{A}$，并构造 $2n\times n$ 矩阵 $\begin{pmatrix}\boldsymbol{A}\\\boldsymbol{E}\end{pmatrix}$;

（2）用初等变换 $\begin{pmatrix} \boldsymbol{A} \\ \boldsymbol{E} \end{pmatrix} \xrightarrow[E:\ 列初等变换]{A:\ 相同的行、列初等变换} \begin{pmatrix} \boldsymbol{D} \\ \boldsymbol{P} \end{pmatrix}$，

当 $\boldsymbol{A}$ 化为对角矩阵 $\boldsymbol{D}$ 时，单位矩阵 $\boldsymbol{E}$ 也相应地化为可逆矩阵 $\boldsymbol{P}$；

（3）所用的可逆线性变换 $\boldsymbol{x} = \boldsymbol{P}\boldsymbol{y}$ 化二次型为标准形

$$f = \boldsymbol{y}'\boldsymbol{D}\boldsymbol{y} = d_1 y_1^2 + d_2 y_2^2 + \cdots + d_n y_n^2 .$$

方法三：正交变换法.

（1）写出二次型的矩阵 $\boldsymbol{A}$（实对称矩阵）；

（2）求正交矩阵 $\boldsymbol{Q}$，使得 $\boldsymbol{Q}^{-1}\boldsymbol{A}\boldsymbol{Q} = \boldsymbol{Q}'\boldsymbol{A}\boldsymbol{Q} = diag(\lambda_1, \lambda_2, \cdots, \lambda_n)$；

（3）用正交变换 $\boldsymbol{x} = \boldsymbol{Q}\boldsymbol{y}$ 化二次型为标准形 $f = \lambda_1 y_1^2 + \lambda_2 y_2^2 + \cdots + \lambda_n y_n^2$.

【例 1】 用配方法化二次型为标准形，并写出所用的可逆线性变换：

$$f(x_1, x_2, x_3) = x_1^2 + 3x_3^2 + 2x_1x_2 + 4x_1x_3 + 2x_2x_3 .$$

解：

$$\begin{aligned} f &= x_1^2 + 2x_1(x_2 + 2x_3) + 3x_3^2 + 2x_2x_3 \\ &= [x_1 + 2x_1(x_2 + 2x_3)]^2 - (x_2 + 2x_3)^2 + 3x_3^2 + 2x_2x_3 \\ &= (x_1 + x_2 + 2x_3)^2 - x_2^2 - 2x_2x_3 - x_3^2 . \end{aligned}$$

令 $\begin{cases} y_1 = x_1 + x_2 + 2x_3 \\ y_2 = x_2 \\ y_3 = x_3 \end{cases}$，即 $\begin{cases} x_1 = y_1 - y_2 - 2y_3 \\ x_2 = y_2 \\ x_3 = y_3 \end{cases}$，得

$$f = y_1^2 - y_2^2 - 2y_2y_3 - y_3^2 = y_1^2 - (y_2 + y_3)^2 .$$

令 $\begin{cases} z_1 = y_1 \\ z_2 = y_2 + y_3 \\ z_3 = y_3 \end{cases}$，即 $\begin{cases} y_1 = z_1 \\ y_2 = z_2 - z_3 \\ y_3 = z_3 \end{cases}$，得标准形

$$f = z_1^2 - z_2^2 .$$

所用的可逆变换为

$$\begin{cases} x_1 = y_1 - y_2 - 2y_3 = z_1 - z_2 - z_3 \\ x_2 = y_2 = z_2 - z_3 \\ x_3 = y_3 = z_3 \end{cases} .$$

【例 2】 用配方法化二次型为标准形，并写出所用的可逆线性变换：

$$f(x_1, x_2, x_3) = 2x_1x_2 + 2x_1x_3 - 6x_2x_3 .$$

解： 做非退化线性替换

$$\begin{cases} x_1 = y_1 + y_2 \\ x_2 = y_1 - y_2 , \\ x_3 = y_3 \end{cases}$$

则 $f(x_1, x_2, x_3) = 2(y_1 + y_2)(y_1 - y_2) + 2(y_1 + y_2)y_3 - 6(y_1 - y_2)y_3$

$$=2y_1^2-2y_2^2-4y_1y_3+8y_2y_3=2(y_1-y_3)^2-2y_3^2-2y_2^2+8y_2y_3.$$

再令$\begin{cases}z_1=y_1-y_3\\z_2=y_2\\z_3=y_3\end{cases}$，即$\begin{cases}y_1=z_1+z_3\\y_2=z_2\\y_3=z_3\end{cases}$，

则　$f(x_1,x_2,x_3)=2z_1^2-2z_2^2+8z_2z_3-2z_3^2$

$$=2z_1^2-2(z_1-2z_2)^2+8z_3^2-2z_3^2=2z_1^2-2(z_1-2z_2)^2+6z_3^2.$$

最后令$\begin{cases}w_1=z_1\\w_2=z_2-2z_3\\w_3=z_3\end{cases}$，即$\begin{cases}z_1=w_1\\z_2=w_2+2w_3\\z_3=w_3\end{cases}$，

则 $f(x_1,x_2,x_3)=2w_1^2-2w_2^2+6w_3^2$. 这几次线性变换相当于一个总的线性变换：

$$\begin{pmatrix}x_1\\x_2\\x_3\end{pmatrix}=\begin{pmatrix}1&1&0\\1&-1&0\\0&0&1\end{pmatrix}\begin{pmatrix}1&0&1\\0&1&0\\0&0&1\end{pmatrix}\begin{pmatrix}1&0&0\\0&1&2\\0&0&1\end{pmatrix}\begin{pmatrix}w_1\\w_2\\w_3\end{pmatrix}=\begin{pmatrix}1&1&3\\1&-1&-1\\0&0&1\end{pmatrix}\begin{pmatrix}w_1\\w_2\\w_3\end{pmatrix}.$$

【例 3】用初等变换法化二次型为标准形，并写出所用的可逆线性变换：

$$f(x_1,x_2,x_3)=x_1^2+3x_3^2+2x_1x_2+4x_1x_3+2x_2x_3.$$

解：二次型的矩阵为$\boldsymbol{A}=\begin{pmatrix}1&1&2\\1&0&1\\2&1&3\end{pmatrix}$. 由于

$$\begin{pmatrix}\boldsymbol{A}\\\boldsymbol{E}\end{pmatrix}=\begin{pmatrix}1&1&2\\1&0&1\\2&1&3\\1&0&0\\0&1&0\\0&0&1\end{pmatrix}\to\begin{pmatrix}1&0&0\\0&-1&-1\\0&-1&-1\\1&-1&-2\\0&1&0\\0&0&1\end{pmatrix}\to\begin{pmatrix}1&0&0\\0&-1&0\\0&0&0\\1&-1&-1\\0&1&-1\\0&0&1\end{pmatrix},$$

故可逆线性变换为

$$\begin{pmatrix}x_1\\x_2\\x_3\end{pmatrix}=\begin{pmatrix}1&-1&-1\\0&1&-1\\0&0&1\end{pmatrix}\begin{pmatrix}y_1\\y_2\\y_3\end{pmatrix}$$，化二次型为 $f=y_1^2-y_2^2$.

【例 4】求一正交变换，将二次型 $f(x_1,x_2,x_3)=x_1^2-2x_2^2-2x_3^2-4x_1x_2+4x_1x_3+8x_2x_3$ 化为标准形，并指出 $f(x_1,x_2,x_3)=1$ 表示何种二次曲面.

解：二次型的矩阵为$\boldsymbol{A}=\begin{pmatrix}1&-2&2\\-2&-2&4\\2&4&-2\end{pmatrix}$. 可求得 $|\lambda\boldsymbol{E}-\boldsymbol{A}|=(\lambda-2)^2(\lambda+7)$，

于是 $\boldsymbol{A}$ 的特征值为 $\lambda_1=\lambda_1=2,\lambda_1=-7$.

可求得对应 $\lambda_1=\lambda_1=2$ 的特征向量为 $\boldsymbol{\xi}_1=(-2,1,0)^{\mathrm{T}},\boldsymbol{\xi}_2=(2,0,1)^{\mathrm{T}}$，

将其正交化得 $\boldsymbol{\alpha}_1=\boldsymbol{\xi}_1=(-2,1,0)^{\mathrm{T}},\boldsymbol{\alpha}_2=\boldsymbol{\xi}_2-\dfrac{(\boldsymbol{\xi}_2,\boldsymbol{\alpha}_1)}{(\boldsymbol{\alpha}_1,\boldsymbol{\alpha}_1)}\boldsymbol{\alpha}_1=\left(\dfrac{2}{5},\dfrac{4}{5},1\right)^{\mathrm{T}}$，

再单位化得 $\boldsymbol{\beta}_1=\left(-\dfrac{2}{\sqrt{5}},\dfrac{1}{\sqrt{5}},0\right)^{\mathrm{T}},\boldsymbol{\beta}_2=\left(\dfrac{2}{3\sqrt{5}},\dfrac{4}{3\sqrt{5}},\dfrac{5}{3\sqrt{5}}\right)^{\mathrm{T}}$，

对应 $\lambda_1=-7$ 的特征向量为 $\boldsymbol{\xi}_3=(-1,-2,2)^{\mathrm{T}}$，再单位化得 $\boldsymbol{\beta}_1=\left(-\dfrac{1}{3},-\dfrac{2}{3},\dfrac{2}{3}\right)^{\mathrm{T}}$.

故经过正交变换 $\begin{pmatrix}x_1\\x_2\\x_3\end{pmatrix}=\begin{pmatrix}\dfrac{2}{\sqrt{5}}&\dfrac{-2}{3\sqrt{5}}&\dfrac{1}{3}\\\dfrac{1}{\sqrt{5}}&\dfrac{4}{3\sqrt{5}}&-\dfrac{2}{3}\\0&\dfrac{5}{3\sqrt{5}}&\dfrac{2}{3}\end{pmatrix}\begin{pmatrix}y_1\\y_2\\y_3\end{pmatrix}$，化二次型为 $f=2y_1^2+2y_2^2-7y_3^2$.

可知 $f(x_1,x_2,x_3)=1$ 表示旋转单叶双曲面.

【例 5】将二次型 $f(x_1,x_2,x_3)=x_1^2+x_2^2+x_3^2+2ax_1x_2+2x_1x_3+4bx_2x_3$ 通过正交变换化为标准形 $f(y_1,y_2,y_3)=y_2^2+2y_3^2$，求参数 a,b 及所用的正交变换.

解：根据题设条件，变换前后二次型的矩阵分别为

$$\boldsymbol{A}=\begin{pmatrix}1&a&1\\a&1&2b\\1&2b&1\end{pmatrix},\ \boldsymbol{\Lambda}=\begin{pmatrix}0&0&0\\0&1&0\\0&0&2\end{pmatrix},$$

它们是相似的，于是 $|\lambda\boldsymbol{E}-\boldsymbol{A}|=|\lambda\boldsymbol{E}-\boldsymbol{\Lambda}|$，将其展开得

$$\lambda^3-3\lambda^2-(a^2+4b^2-2)\lambda-4ab+a^2+4b^2=\lambda^3-3\lambda^2-2\lambda,$$

比较系数得 $\begin{cases}-a^2-4b^2+2=2\\-4ab+a^2+4b^2=0\end{cases}$，解得 $a=b=0$.

由于 $\boldsymbol{A}=\begin{pmatrix}1&0&1\\0&1&0\\1&0&1\end{pmatrix}$，可求得 $\boldsymbol{A}$ 的对应于特征值 $\lambda_1=0,\lambda_2=1,\lambda_1=2$ 的特征向量分别为

$$\boldsymbol{\xi}_1=(-1,0,1)^{\mathrm{T}},\boldsymbol{\xi}_2=(0,1,0)^{\mathrm{T}},\boldsymbol{\xi}_2=(1,0,1)^{\mathrm{T}},$$

单位化得 $\boldsymbol{\beta}_1=\left(-\dfrac{1}{\sqrt{2}},0,\dfrac{1}{\sqrt{2}}\right)^{\mathrm{T}},\boldsymbol{\beta}_2=(0,1,0)^{\mathrm{T}},\boldsymbol{\beta}_3=\left(\dfrac{1}{\sqrt{2}},0,\dfrac{1}{\sqrt{2}}\right)^{\mathrm{T}}$，

则所求正交变换为 $\begin{pmatrix}x_1\\x_2\\x_3\end{pmatrix}=\begin{pmatrix}-\dfrac{1}{\sqrt{2}}&0&\dfrac{1}{\sqrt{2}}\\0&1&0\\\dfrac{1}{\sqrt{2}}&0&\dfrac{1}{\sqrt{2}}\end{pmatrix}\begin{pmatrix}y_1\\y_2\\y_3\end{pmatrix}$.

【例 6】求二次型 $f(x_1,x_2,\cdots,x_{10})=x_1x_2+x_3x_4+\cdots+x_9x_{10}$ 的秩、正负惯性指数与符号差.

解：作非退化线性替换

$$\begin{cases} x_1 = y_1 + y_2 \\ x_2 = y_1 - y_2 \\ \cdots\cdots\cdots\cdots \\ x_9 = y_9 + y_{10} \\ x_{10} = y_9 - y_{10} \end{cases},$$

得标准形 $f = y_1^2 - y_2^2 + y_3^2 - y_4^2 + \cdots + y_9^2 - y_{10}^2$.

由此可知秩等于 10，正负惯性指数都等于 5，符号差等于 0.

【例 7】 证明：（1）实二次型 f 的秩 r 与符号差 q 有相同的奇偶性，且 $-r < q < r$.

（2）若将全体 n 阶实对称方阵按合同与否进行分类，则共有 $\frac{1}{2}(n+1)(n+2)$ 类.

证明：（1）设 f 的正、负惯性指数分别 s,t, 则 $s+t=r, s-t=q$. 于是 $r+q=2s$ 为偶数，因此 r 与 q 有相同的奇偶性.

又由上知：$r+q=2s \geqslant 0, q-r=-2t \leqslant 0$. 故知 $-r<q<r$.

（2）由于两个 n 阶实对称矩阵在实数域上合同 $\Leftrightarrow$ 相应的二次型有相同的秩和相同的正、负惯性指数，故可知

秩为 0 时有 1 类；秩为 1 时有 2 类（正惯性指数为 1 与 0，即相应二次型的规范形为 $y_1^2, -y_1^2$）；秩为 2 时有 3 类（正惯性指数为 2,1,0, 即相应二次型的规范形为 $y_1^2+y_2^2, y_1^2-y_2^2, -y_1^2-y_2^2$）；$\cdots$；秩为 n 时有 $n+1$ 类（正惯性指数为 $n, n-1, \cdots, 1, 0$, 即相应二次型的规范形为 $y_1^2+y_2^2+\cdots+y_n^2, y_1^2+y_2^2+\cdots+y_{n-1}^2-y_n^2, \cdots, -y_1^2-y_2^2-\cdots-y_n^2$）. 因此全体 n 阶实对称方阵按合同进行分类，其类数为

$$1+2+\cdots+(n+1) = \frac{1}{2}(n+1)(n+2).$$

【例 8】 证明：非零实二次型 f 可分解为两个实系数一次齐次多项式相乘 $\Leftrightarrow$ f 的秩是 1 或 f 的秩是 2 且符号差是 0.

证明：设 $f = (a_1x_1 + a_2x_2 + \cdots + a_nx_n)(b_1x_1 + b_2x_2 + \cdots + b_nx_n) \neq 0$.

若 $(a_1, \cdots, a_n)$ 与 $(b_1, \cdots, b_n)$ 成比例，设 $b_i = ka_i$, 则可对 f 施行以下满秩线性替换

$$\begin{cases} y_1 = a_1x_1 + a_2x_2 + \cdots + a_nx_n \\ y_2 = x_2 \\ \qquad\cdots\cdots\cdots\cdots \\ y_n = x_n \end{cases},$$

化成 $f = ky_1^2$. 由于 $f \neq 0$, 故 $k \neq 0$. 此时 f 的秩是 1.

若 $(a_1, \cdots, a_n)$ 与 $(b_1, \cdots, b_n)$ 不成比例，不妨设 (a_1, a_2) 与 (b_1, b_2) 不成比例，从而 $\begin{vmatrix} a_1 & a_2 \\ b_1 & b_2 \end{vmatrix} \neq 0$,

则此时可对 f 连续施行以下两个满秩线性替换

$$\begin{cases} y_1 = a_1x_1 + a_2x_2 + \cdots + a_nx_n \\ y_2 = b_1x_1 + b_2x_2 + \cdots + b_nx_n \\ y_3 = x_3 \\ \qquad \cdots\cdots\cdots\cdots \\ y_n = x_n \end{cases}, \qquad \begin{cases} y_1 = z_1 + z_2 \\ y_2 = z_1 - z_2 \\ y_3 = z_3 \\ \cdots\cdots\cdots\cdots \\ y_n = z_n \end{cases},$$

得 $f = y_1y_2 = z_1^2 - z_2^2$. 此时 f 的秩是 2 且符号差是 0.

反之，若 f 的秩是 1，则 f 可通过实满秩线性替换 $\boldsymbol{X} = \boldsymbol{PY}$ 化为正规形 $f = y_1^2$ 或 $f = -y_1^2$. 由于 y_1 是 $x_1, x_2, \cdots, x_n$ 的线性组合，故可知 f 可分解为两个实系数一次齐次多项式相乘.

若 f 的秩是 2 且符号差是 0，1，则 f 可通过实满秩线性替换 $\boldsymbol{X} = \boldsymbol{PY}$ 化为

$$f = y_1^2 - y_2^2 = (y_1 + y_2)(y_1 - y_2).$$

但由 $\boldsymbol{Y} = \boldsymbol{C}^{-1}\boldsymbol{X}$ 知，y_1 与 y_2 都是 $x_1, x_2, \cdots, x_n$ 的线性组合，从而可知 f 是两个一次齐次之积.

【例 9】设 $f(x_1, x_2, \cdots, x_n) = \boldsymbol{X}'\boldsymbol{AX}$ 是一实二次型，若有实 n 维向量 $\boldsymbol{X}_1, \boldsymbol{X}_2$ 使 $\boldsymbol{X}_1'\boldsymbol{AX}_1 > 0$, $\boldsymbol{X}_2'\boldsymbol{AX}_2 < 0$, 证明：必存在实 n 维向量 $\boldsymbol{X}_0$ 使 a_{i2}.

证明：设 $\boldsymbol{A}$ 秩为 r, 可作实的非退化线性替换 $\boldsymbol{X} = \boldsymbol{CY}$, 将 f 化为规范形

$$f = \boldsymbol{X}^{\mathrm{T}}\boldsymbol{AX} = y_1^2 + \cdots + y_p^2 - y_{p+1}^2 - \cdots - y_{p+q}^2 \ (r = p + q),$$

由于存在两个向量 $\boldsymbol{X}_1, \boldsymbol{X}_2$ 使 $\boldsymbol{X}_1'\boldsymbol{AX}_1 > 0, \boldsymbol{X}_2'\boldsymbol{AX}_2 < 0$, 那么 $p > 0, q > 0$, 就 p, q 的取值分三种情况讨论：$p = q, p > q, p < q$.

当 $p > q$ 时，取 $\boldsymbol{y}_0 = (1, \cdots, 1, 0, \cdots, 0, 1, \cdots, 1)^{\mathrm{T}}$, 则由 $\boldsymbol{X}_0 = \boldsymbol{CY}_0$ 可得非零向量 $\boldsymbol{X}_0$, 使

$$f = \boldsymbol{X}^{\mathrm{T}}\boldsymbol{AX} = y_1^2 + \cdots + y_p^2 - y_{p+1}^2 - \cdots - y_{p+q}^2 = 0.$$

另两种情形类似.

【例 10】求二次型 $f(x_1, x_2, \cdots, x_n) = \sum\limits_{i=1}^{m}(a_{i1}x_1 + a_{i2}x_2 + \cdots + a_{in}x_n)^2$ 的矩阵.

解：设 $\boldsymbol{\alpha}_i = (a_{i1}, a_{i2}, \cdots, a_{in})(i = 1, \cdots, m)$ 为 $m \times n$ 矩阵 $\boldsymbol{A} = (a_{ij})$ 的行向量组. 则 n 阶方阵

$$\boldsymbol{A}^{\mathrm{T}}\boldsymbol{A} = (\boldsymbol{\alpha}_1^{\mathrm{T}}, \boldsymbol{\alpha}_2^{\mathrm{T}}, \cdots, \boldsymbol{\alpha}_m^{\mathrm{T}})\begin{pmatrix} \boldsymbol{\alpha}_1 \\ \boldsymbol{\alpha}_2 \\ \vdots \\ \boldsymbol{\alpha}_m \end{pmatrix} = \sum_{i=1}^{m}\boldsymbol{\alpha}_i^{\mathrm{T}}\boldsymbol{\alpha}_i,$$

但由于 $\quad f = \sum\limits_{i=1}^{m}(a_{i1}x_1 + a_{i2}x_2 + \cdots + a_{in}x_n)^2$

$$=\sum_{i=1}^{m}\left((x_1,x_2,\cdots,x_n)\begin{pmatrix}a_{i1}\\ \vdots\\ a_{in}\end{pmatrix}(a_{i1},a_{i2},\cdots,a_{in})\begin{pmatrix}x_1\\ \vdots\\ x_n\end{pmatrix}\right)$$

$$=\boldsymbol{X}^{\mathrm{T}}\sum_{i=1}^{m}\boldsymbol{\alpha}_i^{\mathrm{T}}\boldsymbol{\alpha}_i\boldsymbol{X}=\boldsymbol{X}^{\mathrm{T}}(\boldsymbol{A}^{\mathrm{T}}\boldsymbol{A})\boldsymbol{X},$$

且 $\boldsymbol{A}^{\mathrm{T}}\boldsymbol{A}$ 为 n 阶对称矩阵，故二次型的 f 的矩阵为 $\boldsymbol{A}^{\mathrm{T}}\boldsymbol{A}$.

三、正定二次型和正定矩阵

1．正定二次型

设实二次型 $f(x_1,x_2,\cdots,x_n)=\boldsymbol{X'AX}$，其中 $\boldsymbol{A'}=\boldsymbol{A}$，那么以下几个条件都是正定二次型的等价条件：

（1）对任意实向量 $\boldsymbol{c}'=(c_1,\cdots,c_n)\neq 0$，都有 $f(c_1,\cdots,c_n)=\boldsymbol{c'Ac}>0$；

（2）f 的正惯性指数与秩都等于 n；

（3）存在实可逆矩阵 $\boldsymbol{T}$，使 $\boldsymbol{T'AT}=\begin{pmatrix}d_1 & & \\ & \ddots & \\ & & d_n\end{pmatrix}$，其中 $d_i>0,(i=1,2,\cdots,n)$；

（4）有实可逆矩阵 $\boldsymbol{B}$，使 $\boldsymbol{A}=\boldsymbol{B'B}$；

（5）$\boldsymbol{A}$ 的特征值全为正；

（6）$\boldsymbol{A}$ 合同于 $\boldsymbol{E}$；

（7）$\boldsymbol{A}$ 的一切主子式都大于 0；

（8）$\boldsymbol{A}$ 的一切顺序主子式都大于 0.

当二次型 $f(x_1,x_2,\cdots,x_n)=\boldsymbol{X'AX}$ 是正定二次型时，称矩阵 $\boldsymbol{A}$ 为正定矩阵，因此以上条件也是正定矩阵的等价条件.

2．半正定二次型

设实二次型 $f(x_1,x_2,\cdots,x_n)=\boldsymbol{X'AX}$，其中 $\boldsymbol{A'}=\boldsymbol{A}$，那么以下几个条件是半正定二次型的等价条件：

（1）任意实向量 $\boldsymbol{c}'=(c_1,\cdots,c_n)\neq 0$，都有 $f(c_1,\cdots,c_n)=\boldsymbol{c'Ac}\geqslant 0$；

（2）f 的正惯性指数与秩相等；

（3）存在实可逆矩阵 $\boldsymbol{T}$，使 $\boldsymbol{T'AT}=\begin{pmatrix}d_1 & & \\ & \ddots & \\ & & d_n\end{pmatrix}$，其中 $d_i\geqslant 0,(i=1,2,\cdots,n)$；

（4）有实矩阵 $\boldsymbol{B}$，使 $\boldsymbol{A}=\boldsymbol{B'B}$；

（5）$\boldsymbol{A}$ 的所有特征值都不小于 0；

（6）A的所有主子式都不小于0.

【例11】 t取何值时二次型$f(x_1,x_2,x_3)=x_1^2+x_2^2+5x_3^2+2tx_1x_2-2x_1x_3+4x_2x_3$为正定二次型？

解： f的矩阵及其顺序主子式为$A=\begin{pmatrix}1 & t & -1\\ t & 1 & 2\\ -1 & 2 & 5\end{pmatrix}$.

$D_1=1,D_2=1-t^2,D_3=-5t^2-4t$. f正定的充要条件是$1-t^2>0,-5t^2-4t>0$.

解此不等式组得$-\frac{4}{5}<t<0$. 即t取开区间$\left(-\frac{4}{5},0\right)$内任何实数时$f$都是正定的.

【例12】 设A为正定矩阵. 证明：A^{-1},A^m(m为整数)$,kA(k>0),A^*$均为正定矩阵.

证明： 因为A为正定矩阵，故存在实可逆矩阵P,使$A=P^{\mathrm T}P$.由此得$A^{-1}=P^{-1}(P^{-1})^{\mathrm T}$,故$A^{-1}$也是正定的.

若$m=0$,则$A^m=E$当然正定；若$m<0$,则由于$A^m=(A^{-1})^{|m|}$,由上面的A^{-1}正定，只证m为正整数；

当m为偶数时，由于A为正定矩阵，且$A^m=(A^{\frac{m}{2}})^{\mathrm T}A^{\frac{m}{2}}$，$A^m$正定；

当m为奇数时，由于A为正定矩阵，有$A=P^{\mathrm T}P$,于是

$$A^m=A^{\frac{m-1}{2}}AA^{\frac{m-1}{2}}=A^{\frac{m-1}{2}}P^{\mathrm T}PA^{\frac{m-1}{2}}=\left(PA^{\frac{m-1}{2}}\right)^{\mathrm T}\left(PA^{\frac{m-1}{2}}\right),\quad A^m\text{正定}.$$

由于$kA=(\sqrt{k}P)^{\mathrm T}(\sqrt{k}P)$, $kA(k>0)$正定.

由于$A^*=|A|A^{-1}$，故A^*正定.

【例13】 设A为n阶正定矩阵，B为$n\times m$实矩阵. 证明：$B'AB$正定的充分必要条件是秩$(B)=m$.

证明： 设$B'AB$正定，则对任意实m元列向量$X_0\neq 0$都有$X_0'(B'AB)X_0>0$,即$(BX_0)'A(BX_0)>0$. 从而$BX_0\neq 0$. 这表明齐次线性方程组$BX=0$只有零解，故秩$(B)=m$.

反之，设秩$(B)=m$,则$BX=0$只有零解. 于是对任意实m元列向量$X_0\neq 0$总有$BX_0\neq 0$.但A是正定矩阵，故$B'AB$为m阶实对称矩阵，且

$$X_0'(B'AB)X_0=(BX_0)'A(BX_0)>0,$$

因此$B'AB$为正定矩阵.

【例14】 设A为实对称满秩方阵. 证明：存在实方阵B使$AB+B'A$为正定矩阵.

证明： 因为A是实对称满秩方阵，故A^{-1}存在且$A^{\mathrm T}=A$.取$B=A^{-1}$, 则

$B^{\mathrm T}=(A^{-1})^{\mathrm T}=(A^{\mathrm T})^{-1}=A^{-1}=B$,且$AB+B^{\mathrm T}A=AA^{-1}+BA=2E$.

但$2E$为正定矩阵，故$AB+B^{\mathrm T}A$为正定矩阵.

【例15】 证明：实二次型$f(x_1,x_2,\cdots,x_n)$是半正定的充要条件是f的秩=正惯性指数.

证明：设 f 的秩=正惯性指数 $=r$. 则 f 可经过实满秩线性替换 $\boldsymbol{X}=\boldsymbol{C}\boldsymbol{Y}$ 化为

$$f(x_1,x_2,\cdots,x_n)=y_1^2+\cdots+y_r^2.$$

从而对一组不全为 0 的实数 $x_1,x_2,\cdots,x_n$, 由 $\boldsymbol{X}=\boldsymbol{C}\boldsymbol{Y}$ 得 $\boldsymbol{Y}=\boldsymbol{C}^{-1}\boldsymbol{X}$, 即有相应不全为 0 的实数 $y_1,\cdots,y_r,\cdots,y_n$, 使 $f(x_1,x_2,\cdots,x_n)=y_1^2+\cdots+y_r^2\geqslant 0$.

因此，f 是半正定的.

反之，设 f 是半正定的，则 f 的负惯性指数必为零. 否则 f 可经过实满秩线性替换 $\boldsymbol{X}=\boldsymbol{C}\boldsymbol{Y}$ 化为 $f(x_1,x_2,\cdots,x_n)=y_1^2+\cdots+y_s^2-y_{s+1}^2-\cdots-y_r^2$, 其中 $s<r$. 于是当取 $y_r=1$ 而其余 $y_i=0$ 时，由 $\boldsymbol{X}=\boldsymbol{C}\boldsymbol{Y}$ 所得相应的不全为 0 的实数 $x_1,x_2,\cdots,x_n$ 代入上式得 $f(x_1,x_2,\cdots,x_n)=-1<0$. 这与 f 是半正定二次型矛盾. 因此，f 的负惯性指数必为零，即 f 的秩=正惯性指数.

【例 16】(西安工程大学 2018 年)设 $\boldsymbol{A}$ 是 n 级正定矩阵，$\boldsymbol{E}$ 是单位矩阵. 证明: $|\boldsymbol{A}+2\boldsymbol{E}|>2^n$.

证明：因为 $\boldsymbol{A}$ 是 n 级正定矩阵，所以存在正交矩阵 $\boldsymbol{Q}$, 使得

$$\boldsymbol{Q}^{-1}\boldsymbol{A}\boldsymbol{Q}=\boldsymbol{Q}^{\mathrm{T}}\boldsymbol{A}\boldsymbol{Q}=\mathrm{diag}(\lambda_1,\lambda_2,\cdots,\lambda_n),\lambda_i>0(i=1,2,\cdots,n)$$

于是
$$|\boldsymbol{A}+2\boldsymbol{E}|=|\boldsymbol{Q}\boldsymbol{\Lambda}\boldsymbol{Q}^{-1}+2\boldsymbol{E}|=|\boldsymbol{Q}(\boldsymbol{\Lambda}+2\boldsymbol{E})\boldsymbol{Q}^{-1}|=|\boldsymbol{\Lambda}+2\boldsymbol{E}|$$
$$=(\lambda_1+2)(\lambda_2+2)\cdots(\lambda_n+2)>2^n.$$

【例 17】设 $\boldsymbol{A}$ 是正定矩阵，$\boldsymbol{B}$ 是实对称矩阵. 证明: 存在实可逆矩阵 $\boldsymbol{P}$，使 $\boldsymbol{P}'\boldsymbol{A}\boldsymbol{P}=\boldsymbol{E}$ 且 $\boldsymbol{P}'\boldsymbol{B}\boldsymbol{P}$ 为对角矩阵.

证明：因为 $\boldsymbol{A}$ 是正定矩阵，故存在实可逆矩阵 $\boldsymbol{Q}$ 使 $\boldsymbol{Q}^{\mathrm{T}}\boldsymbol{A}\boldsymbol{Q}=\boldsymbol{E}$.

又 $\boldsymbol{B}$ 是实对称矩阵，故 $\boldsymbol{Q}^{\mathrm{T}}\boldsymbol{B}\boldsymbol{Q}$ 为实对称矩阵. 从而存在正交矩阵 $\boldsymbol{U}$ 使 $\boldsymbol{U}^{\mathrm{T}}(\boldsymbol{Q}^{\mathrm{T}}\boldsymbol{B}\boldsymbol{Q})\boldsymbol{U}$ 为对角矩阵.

令 $\boldsymbol{P}=\boldsymbol{Q}\boldsymbol{U}$, 由以上两式可知 $\boldsymbol{P}'\boldsymbol{A}\boldsymbol{P}=\boldsymbol{E}$ 且 $\boldsymbol{P}'\boldsymbol{B}\boldsymbol{P}$ 为对角矩阵.

【例 18】(西北大学 2018 年) 二次型 $f=\sum_{i=1}^{n}x_i^2+\sum_{1\leqslant i<j\leqslant n}x_ix_j$ 是否正定? 为什么?

解：设此二次型的矩阵为 $\boldsymbol{A}$, 则 $\boldsymbol{A}=\begin{pmatrix}1&\frac{1}{2}&\cdots&\frac{1}{2}\\ \frac{1}{2}&1&\cdots&\frac{1}{2}\\ \vdots&\vdots&&\vdots\\ \frac{1}{2}&\frac{1}{2}&\cdots&1\end{pmatrix}\in\boldsymbol{R}^{n\times n}$，证明 $\boldsymbol{A}$ 的各阶顺序主子式 $\Delta_k=\left(\frac{1}{2}\right)^{k-1}\left(\frac{1}{2}+\frac{k}{2}\right)>0$, 故 f 正定.

【例 19】(陕西师范大学 2019 年) $\boldsymbol{A},\boldsymbol{B}$ 为实对称矩阵，$\boldsymbol{B}$ 正定，$\boldsymbol{A}-\boldsymbol{B}$ 半正定，证明:(1) $|\boldsymbol{A}-\lambda\boldsymbol{B}|$ 的所有根 $\lambda\geqslant 1$;(2) $|\boldsymbol{A}|\geqslant|\boldsymbol{B}|$.

证明：（1）由于 B 正定，故存在实可逆矩阵 T, 使 $\boldsymbol{T}^{\mathrm{T}}\boldsymbol{B}\boldsymbol{T}=\boldsymbol{E}$.

$|\boldsymbol{T}^{\mathrm{T}}||\boldsymbol{A}-\lambda\boldsymbol{B}||\boldsymbol{T}|=|\boldsymbol{T}^{\mathrm{T}}||(\boldsymbol{A}-\boldsymbol{B})-(\lambda-1)\boldsymbol{B}||\boldsymbol{T}|=|\boldsymbol{T}^{\mathrm{T}}(\boldsymbol{A}-\boldsymbol{B})\boldsymbol{T}-(\lambda-1)\boldsymbol{E}|$,

由于 $\boldsymbol{A}-\boldsymbol{B}$ 半正定，则 $\boldsymbol{T}^{\mathrm{T}}(\boldsymbol{A}-\boldsymbol{B})\boldsymbol{T}$ 也半正定，从而特征值非负. 故有 $\lambda-1\geqslant 0$, 即 $\lambda\geqslant 1$.

（2）$0=|\boldsymbol{A}-\lambda\boldsymbol{B}|=|\boldsymbol{A}\boldsymbol{B}^{-1}-\lambda\boldsymbol{E}||\boldsymbol{B}|\Leftrightarrow|\lambda\boldsymbol{E}-\boldsymbol{A}\boldsymbol{B}^{-1}|=0$.

设 $\lambda_i(i=1,2,\cdots,n)$ 为 $\boldsymbol{A}\boldsymbol{B}^{-1}$ 的特征值，由（1）知 $\lambda_i\geqslant 1(i=1,2,\cdots,n)$, 由上式知 $\boldsymbol{A}\boldsymbol{B}^{-1}$ 的 n 个特征值都 $\geqslant 1$. 故 $|\boldsymbol{A}\boldsymbol{B}^{-1}|=\lambda_1\lambda_2\cdots\lambda_n\geqslant 1$. 即 $|\boldsymbol{A}|\geqslant|\boldsymbol{B}|$.

【例 20】 设 $\boldsymbol{A}$ 为 n 阶正定矩阵. 证明：

（1）若 $\boldsymbol{B}$ 是为 n 阶正定矩阵，则 $|\boldsymbol{A}+\boldsymbol{B}|>|\boldsymbol{A}|+|\boldsymbol{B}|$；

（2）若 $\boldsymbol{C}$ 是为 n 阶半正定矩阵，则 $|\boldsymbol{A}+\boldsymbol{C}|\geqslant|\boldsymbol{A}|$, 当且仅当 $\boldsymbol{C}=\boldsymbol{0}$ 时等号成立；

（3）若 $\boldsymbol{D}$ 是为 n 阶实反对称矩阵，则 $|\boldsymbol{A}+\boldsymbol{D}|>0$.

证明：（1）由于 $\boldsymbol{A},\boldsymbol{B}$ 正定，故存在实可逆矩阵 $\boldsymbol{T}$, 使

$$\boldsymbol{T}^{\mathrm{T}}\boldsymbol{A}\boldsymbol{T}=\boldsymbol{E},\boldsymbol{T}^{\mathrm{T}}\boldsymbol{B}\boldsymbol{T}=\begin{pmatrix}\lambda_1 & & \\ & \ddots & \\ & & \lambda_n\end{pmatrix}.$$

又 $\boldsymbol{B}$ 正定矩阵，所以 $\boldsymbol{T}^{\mathrm{T}}\boldsymbol{B}\boldsymbol{T}$ 正定. 于是，$\lambda_i>0,i=1,2,\cdots,n$, 且

$$|\boldsymbol{T}^{\mathrm{T}}||\boldsymbol{A}+\boldsymbol{B}||\boldsymbol{T}|=|\boldsymbol{T}^{\mathrm{T}}\boldsymbol{A}\boldsymbol{T}+\boldsymbol{T}^{\mathrm{T}}\boldsymbol{B}\boldsymbol{T}|=\begin{vmatrix}1+\lambda_1 & & \\ & \ddots & \\ & & 1+\lambda_n\end{vmatrix}.$$

$$|\boldsymbol{A}+\boldsymbol{B}|=\frac{1}{|\boldsymbol{T}|^2}\begin{vmatrix}1+\lambda_1 & & \\ & \ddots & \\ & & 1+\lambda_n\end{vmatrix}$$

$$=\frac{1}{|\boldsymbol{T}|^2}(1+\lambda_1)\cdots(1+\lambda_n)$$

$$|\boldsymbol{T}^{\mathrm{T}}|(|\boldsymbol{A}|+|\boldsymbol{B}|)|\boldsymbol{T}|=|\boldsymbol{T}^{\mathrm{T}}\boldsymbol{A}\boldsymbol{T}|+|\boldsymbol{T}^{\mathrm{T}}\boldsymbol{B}\boldsymbol{T}|=1+\lambda_1\lambda_2\cdots\lambda_n.$$

$$|\boldsymbol{A}|+|\boldsymbol{B}|=\frac{1}{|\boldsymbol{T}|^2}(1+\lambda_1\lambda_2\cdots\lambda_n).$$

因此 $|\boldsymbol{A}+\boldsymbol{B}|>|\boldsymbol{A}|+|\boldsymbol{B}|$.

（2）存在实可逆矩阵 $\boldsymbol{T}$, 使 $\boldsymbol{T}^{\mathrm{T}}\boldsymbol{A}\boldsymbol{T}=\boldsymbol{E},\boldsymbol{T}^{\mathrm{T}}\boldsymbol{C}\boldsymbol{T}=\begin{pmatrix}\lambda_1 & & \\ & \ddots & \\ & & \lambda_n\end{pmatrix}$.

因为 $\boldsymbol{C}$ 是为半正定矩阵，所以 $\boldsymbol{T}^{\mathrm{T}}\boldsymbol{C}\boldsymbol{T}$ 半正定. 于是，$\lambda_i\geqslant 0,i=1,2,\cdots,n$, 则

$$|\boldsymbol{T}^{\mathrm{T}}||\boldsymbol{A}+\boldsymbol{C}||\boldsymbol{T}|=|\boldsymbol{T}^{\mathrm{T}}\boldsymbol{A}\boldsymbol{T}+\boldsymbol{T}^{\mathrm{T}}\boldsymbol{C}\boldsymbol{T}|=(1+\lambda_1)\cdots(1+\lambda_n)\geqslant 1=|\boldsymbol{T}^{\mathrm{T}}\boldsymbol{A}\boldsymbol{T}|.$$

不等式两边同时除以$|\boldsymbol{T}|^2$，则有$|\boldsymbol{A}+\boldsymbol{C}|\geqslant|\boldsymbol{A}|$，且等号成立当且仅当$\lambda_1=\lambda_2=\cdots=\lambda_n=0$，当且仅当$\boldsymbol{C}=\boldsymbol{0}$.

（3）$\boldsymbol{A}$为n阶正定矩阵，它合同于$\boldsymbol{E}$，即存在实可逆矩阵$\boldsymbol{P}$，使得$\boldsymbol{P}^{\mathrm{T}}\boldsymbol{A}\boldsymbol{P}=\boldsymbol{E}$. 于是

$$|\boldsymbol{P}^{\mathrm{T}}||\boldsymbol{A}+\boldsymbol{D}||\boldsymbol{P}|=|\boldsymbol{P}^{\mathrm{T}}\boldsymbol{A}\boldsymbol{P}+\boldsymbol{P}^{\mathrm{T}}\boldsymbol{D}\boldsymbol{P}|=|\boldsymbol{E}+\boldsymbol{P}^{\mathrm{T}}\boldsymbol{D}\boldsymbol{P}|.$$

只要证明$|\boldsymbol{E}+\boldsymbol{P}^{\mathrm{T}}\boldsymbol{D}\boldsymbol{P}|>0$，则$|\boldsymbol{A}+\boldsymbol{D}|>0$. 由于$\boldsymbol{D}$是实反对称矩阵，则$\boldsymbol{P}^{\mathrm{T}}\boldsymbol{D}\boldsymbol{P}$是实反对称矩阵．故其特征根为0或纯虚数，且纯虚数成对出现．设为

$$0,\cdots,0,\pm b_1 i,\cdots,\pm b_r i,\ b_i\in R, b_i\neq 0, i=1,2,\cdots,r,$$

因此，$\boldsymbol{E}+\boldsymbol{P}^{\mathrm{T}}\boldsymbol{D}\boldsymbol{P}$的特征根为$1,\cdots,1,1\pm b_1 i,\cdots,1\pm b_r i$. 故

$$|\boldsymbol{E}+\boldsymbol{P}^{\mathrm{T}}\boldsymbol{D}\boldsymbol{P}|=(1+b_1 i)(1-b_1 i)\cdots(1+b_r i)(1-b_r i)=(1+b_1^2)(1+b_r^2)>0.$$

【练习】

1．（中科院 2020 年）设$\boldsymbol{A}$是n阶实对称正定矩阵，$\boldsymbol{B}$是n阶实对称半正定矩阵.

（1）证明：$|\boldsymbol{A}+\boldsymbol{B}|\geqslant|\boldsymbol{A}|+|\boldsymbol{B}|$.

（2）当$n\geqslant 2$时，在什么条件下有$|\boldsymbol{A}+\boldsymbol{B}|>|\boldsymbol{A}|+|\boldsymbol{B}|$，并证明.

2．（西北大学 2020 年）已知$\boldsymbol{A}$是正定矩阵，证明：$\boldsymbol{A}^{-1}+\boldsymbol{A}^{*}$也是正定矩阵.

3．（西北大学 2017 年）三阶矩阵$\boldsymbol{A}=\begin{pmatrix}1&0&1\\0&1&1\\-1&0&a\end{pmatrix}$，$\boldsymbol{A}^{\mathrm{T}}$为矩阵$\boldsymbol{A}$的的转置，已知秩（$\boldsymbol{A}^{\mathrm{T}}\boldsymbol{A}$）=2，且二次型$f=\boldsymbol{x}^{\mathrm{T}}\boldsymbol{A}^{\mathrm{T}}\boldsymbol{A}\boldsymbol{x}$.（1）求$a$；（2）求该二次型对应的矩阵，并将二次型化为标准型，写出正交变换过程.

4．设$\boldsymbol{A}$为n阶正定矩阵．证明：对任意实n元列向量$\boldsymbol{X}$都有

$$0\leqslant \boldsymbol{X}^{\mathrm{T}}(\boldsymbol{A}+\boldsymbol{X}\boldsymbol{X}^{\mathrm{T}})^{-1}\boldsymbol{X}<1.$$

第六章

线 性 空 间

一、线性空间的概念

1. 定义

令V是一个非空集合，P是一个数域. 在其上定义了两种运算：

（1）加法封闭，

（2）数量乘法封闭.

如果加法与数量乘法满足以下八条运算律，则V称为数域P上的线性空间.

加法满足下面四条规则：

（1）交换律；

（2）结合律；

（3）存在零元；

（4）存在负元.

数量乘法满足下面两条规则：

（5）单位元：$1\boldsymbol{\alpha}=\boldsymbol{\alpha}$；

（6）结合律；

数量乘法与加法满足两种分配律：

（7）$(k+l)\boldsymbol{\alpha}=k\boldsymbol{\alpha}+l\boldsymbol{\alpha}$；

（8）$k(\boldsymbol{\alpha}+\boldsymbol{\beta})=k\boldsymbol{\alpha}+k\boldsymbol{\beta}$.

2. 性质

（1）零元素是唯一的；

（2）负元素是唯一的；

（3）$0\boldsymbol{\alpha}=\mathbf{0}$; $k\mathbf{0}=\mathbf{0}$; $(-1)\boldsymbol{\alpha}=-\boldsymbol{\alpha}$;

（4）如果$k\boldsymbol{\alpha}=\mathbf{0}$，那么$k=0$或者$\boldsymbol{\alpha}=\mathbf{0}$.

3. 常用线性空间

（1）元素属于数域P的$m\times n$矩阵，按矩阵的加法和数与矩阵的数量乘法，构成数域

P 上的一个线性空间，用 $P^{m\times n}$ 表示.

（2）数域 P 上一元多项式环 $P[x]$,按通常的多项式加法和数与多项式的乘法，构成数域 P 上的一个线性空间．如果只考虑其中次数小于 n 的多项式，再添上零多项式也构成数域 P 上的一个线性空间，用 $P[x]_n$ 表示.

（3）全体实函数，按函数加法和数与函数的数量乘法，构成一个实数域上的线性空间.

（4）数域 P 按照本身的加法与乘法，即构成一个自身上的线性空间.

（5）设 $\boldsymbol{\alpha}_1,\boldsymbol{\alpha}_2,\cdots,\boldsymbol{\alpha}_r$ 是线性空间 V 中一组向量，这组向量所有可能的线性组合 $k_1\boldsymbol{\alpha}_1+k_2\boldsymbol{\alpha}_2+\cdots+k_r\boldsymbol{\alpha}_r$ 所成的集合是非空的，而且对两种运算封闭，因而是 V 的一个子空间，这个子空间叫做由 $\boldsymbol{\alpha}_1,\boldsymbol{\alpha}_2,\cdots,\boldsymbol{\alpha}_r$ 生成的子空间，记为 $L(\boldsymbol{\alpha}_1,\boldsymbol{\alpha}_2,\cdots,\boldsymbol{\alpha}_r)$.

【例 1】 下列集合对于所指的线性运算是否构成实数域上的线性空间？

（1）次数等于 $n(n\geqslant 1)$ 的实系数多项式的全体，对于多项式的加法和数量乘法.

（2）全体正实数 R^+，加法和数量乘法定义为 $a\oplus b=ab, k\circ a=a^k$.

解：（1）不构成．加法不封闭．如取该集合的两个元素 $x,-x$, $x+(-x)=0$ 不属于该集合.

（2）构成．显然 R^+ 非空，且对所规定的两种运算封闭．同时八条运算规律成立.

零元怎么确定？设 $x\in R^+$ 是零元，则对任意 $a\in R^+$ 有 $a\oplus x=ax=a$，解得 $x=1$, 所以 1 是零元．加法交换律的证明： $a\oplus b=ab=ba=b\oplus a$.

说明：对于具体的线性空间，加法、数乘运算要按照题目给定的法则来进行，零元也不能想当然，先必须寻找，然后证明它满足零元条件.

二、维数、基与坐标、基变换与坐标变换

1．定义

维数：如果在线性空间 V 中有 n 个线性无关的向量，但是没有更多数目的线性无关的向量，那么 V 就称为 n 维的；如果在 V 中可以找到任意多个线性无关的向量，那么 V 就称为无限维的.

基：在 n 维线性空间 V 中，n 个线性无关的向量 $\boldsymbol{\varepsilon}_1,\boldsymbol{\varepsilon}_2,\cdots,\boldsymbol{\varepsilon}_n$ 称为 V 的一组基．设 $\boldsymbol{\alpha}$ 是 V 中任一向量，于是 $\boldsymbol{\varepsilon}_1,\boldsymbol{\varepsilon}_2,\cdots,\boldsymbol{\varepsilon}_n,\boldsymbol{\alpha}$ 线性相关，因此 $\boldsymbol{\alpha}$ 可以被基 $\boldsymbol{\varepsilon}_1,\boldsymbol{\varepsilon}_2,\cdots,\boldsymbol{\varepsilon}_n$ 线性表出：$\boldsymbol{\alpha}=a_1\boldsymbol{\varepsilon}_1+a_2\boldsymbol{\varepsilon}_2+\cdots+a_n\boldsymbol{\varepsilon}_n$．其中系数 $a_1,a_2,\cdots,a_n$ 是被向量 $\boldsymbol{\alpha}$ 和基 $\boldsymbol{\varepsilon}_1,\boldsymbol{\varepsilon}_2,\cdots,\boldsymbol{\varepsilon}_n$ 唯一确定的，这组数就称为 $\boldsymbol{\alpha}$ 在基 $\boldsymbol{\varepsilon}_1,\boldsymbol{\varepsilon}_2,\cdots,\boldsymbol{\varepsilon}_n$ 下的坐标，记为 $(a_1,a_2,\cdots,a_n)$.

基的另一定义：如果在线性空间 V 中有 n 个线性无关的向量 $\boldsymbol{\alpha}_1,\boldsymbol{\alpha}_2,\cdots,\boldsymbol{\alpha}_n$，且 V 中任一向量都可以用它们线性表出，那么 V 是 n 维的，而 $\boldsymbol{\alpha}_1,\boldsymbol{\alpha}_2,\cdots,\boldsymbol{\alpha}_n$ 就是 V 的一组基.

2．基变换与坐标变换

基变换公式：设 $\boldsymbol{\varepsilon}_1,\boldsymbol{\varepsilon}_2,\cdots,\boldsymbol{\varepsilon}_n$ 与 $\boldsymbol{\varepsilon}_1',\boldsymbol{\varepsilon}_2',\cdots,\boldsymbol{\varepsilon}_n'$ 是 n 维线性空间 V 中两组基，它们的关系是

$$(\boldsymbol{\varepsilon}_1',\boldsymbol{\varepsilon}_2',\cdots,\boldsymbol{\varepsilon}_n')=(\boldsymbol{\varepsilon}_1,\boldsymbol{\varepsilon}_2,\cdots,\boldsymbol{\varepsilon}_n)\begin{pmatrix} a_{11} & a_{12} & \cdots & a_{1n} \\ a_{21} & a_{22} & \cdots & a_{2n} \\ \vdots & \vdots & & \vdots \\ a_{n1} & a_{n2} & \cdots & a_{nn} \end{pmatrix}$$. 矩阵 $\boldsymbol{A}=\begin{pmatrix} a_{11} & a_{12} & \cdots & a_{1n} \\ a_{21} & a_{22} & \cdots & a_{2n} \\ \vdots & \vdots & & \vdots \\ a_{n1} & a_{n2} & \cdots & a_{nn} \end{pmatrix}$ 称为由基 $\boldsymbol{\varepsilon}_1,\boldsymbol{\varepsilon}_2,\cdots,\boldsymbol{\varepsilon}_n$ 到 $\boldsymbol{\varepsilon}_1',\boldsymbol{\varepsilon}_2',\cdots,\boldsymbol{\varepsilon}_n'$ 的过渡矩阵，它是可逆的.

坐标变换公式：设向量 $\boldsymbol{\xi}$ 在这两组基下的坐标分别是 $(x_1,x_2,\cdots,x_n)$ 与 $(x_1',x_2',\cdots,x_n')$，即 $\boldsymbol{\xi}=x_1\boldsymbol{\varepsilon}_1+x_2\boldsymbol{\varepsilon}_2+\cdots+x_n\boldsymbol{\varepsilon}_n=x_1'\boldsymbol{\varepsilon}_1'+x_2'\boldsymbol{\varepsilon}_2'+\cdots+x_n'\boldsymbol{\varepsilon}_n'$，则

$$\begin{pmatrix} x_1 \\ x_2 \\ \vdots \\ x_n \end{pmatrix}=\begin{pmatrix} a_{11} & a_{12} & \cdots & a_{1n} \\ a_{21} & a_{22} & \cdots & a_{2n} \\ \vdots & \vdots & & \vdots \\ a_{n1} & a_{n2} & \cdots & a_{nn} \end{pmatrix}\begin{pmatrix} x_1' \\ x_2' \\ \vdots \\ x_n' \end{pmatrix}.$$

【例 2】 在线性空间 $P[x]_4$ 中，讨论向量组

$$f_1(x)=x^3, f_2(x)=3x^3+x^2, f_3(x)=-5x^3+2x^2+x, f_4(x)=7x^3-3x^2+2x+1,$$

的线性相关性.

解： 设 $k_1f_1(x)+k_2f_2(x)+k_3f_3(x)+k_4f_4(x)=0$, 可得

$$k_4+(k_3+2k_4)x+(k_2+2k_3-3k_4)x^2+(k_1+3k_2-5k_3+7k_4)x^3=0,$$

由于 $1,x,x^2,x^3$ 线性无关，故 $\begin{cases} k_4=0 \\ k_3+2k_4=0 \\ k_2+2k_3-3k_4=0 \\ k_1+3k_2-5k_3+7k_4=0 \end{cases}$.

该方程组系数行列式 $D\neq 0$, 它只有零解. 于是 $f_1(x), f_2(x), f_3(x), f_4(x)$ 线性无关.

【例 3】 求线性空间 V 的基和维数,其中

$$V=\{(x_1,x_2,x_3,x_4)\mid x_1+x_2+x_3+x_4=0, x_2+x_3+x_4=0, x_1,x_2,x_3,x_4\in R\}.$$

解： V 是 4 元齐次线性方程组

$$\begin{cases} x_1+x_2+x_3+x_4=0 \\ x_2+x_3+x_4=0 \end{cases}$$

的解空间，它的基就是该方程组的基础解系. 由于系数矩阵

$$\boldsymbol{A}=\begin{pmatrix} 1 & 1 & 1 & 1 \\ 0 & 1 & 1 & 1 \end{pmatrix}\rightarrow\begin{pmatrix} 1 & 0 & 0 & 0 \\ 0 & 1 & 1 & 1 \end{pmatrix},$$

同解方程组为 $\begin{cases} x_1=0 \\ x_2=-x_3-x_4 \end{cases}$, 它的一个基础解系为 $\boldsymbol{\alpha}_1=(0,-1,1,0), \boldsymbol{\alpha}_2=(0,-1,0,1)$,

故 V 是 2 维线性空间，且 $\boldsymbol{\alpha}_1,\boldsymbol{\alpha}_2$ 是 V 的一组基.

【例 4】 设线性空间 V 中的元素组 $\boldsymbol{\alpha}_1,\boldsymbol{\alpha}_2,\boldsymbol{\alpha}_3,\boldsymbol{\alpha}_4$ 线性无关.

（1）试问：元素组 $\boldsymbol{\alpha}_1+\boldsymbol{\alpha}_2,\boldsymbol{\alpha}_2+\boldsymbol{\alpha}_3,\boldsymbol{\alpha}_3+\boldsymbol{\alpha}_4,\boldsymbol{\alpha}_4+\boldsymbol{\alpha}_1$ 是否线性相关？要求说明理由.

（2）求 $\boldsymbol{\alpha}_1+\boldsymbol{\alpha}_2,\boldsymbol{\alpha}_2+\boldsymbol{\alpha}_3,\boldsymbol{\alpha}_3+\boldsymbol{\alpha}_4,\boldsymbol{\alpha}_4+\boldsymbol{\alpha}_1$ 生成的线性空间 W 的一组基与 W 的维数.

解：（1）令 $\boldsymbol{\beta}_1=\boldsymbol{\alpha}_1+\boldsymbol{\alpha}_2,\boldsymbol{\beta}_2=\boldsymbol{\alpha}_2+\boldsymbol{\alpha}_3,\boldsymbol{\beta}_3=\boldsymbol{\alpha}_3+\boldsymbol{\alpha}_4,\boldsymbol{\beta}_4=\boldsymbol{\alpha}_4+\boldsymbol{\alpha}_1$，则

$$(\boldsymbol{\beta}_1,\boldsymbol{\beta}_2,\boldsymbol{\beta}_3,\boldsymbol{\beta}_4)=(\boldsymbol{\alpha}_1,\boldsymbol{\alpha}_2,\boldsymbol{\alpha}_3,\boldsymbol{\alpha}_4)\begin{pmatrix}1&0&0&1\\1&1&0&0\\0&1&1&0\\0&0&1&1\end{pmatrix},$$

因为 $\begin{vmatrix}1&0&0&1\\1&1&0&0\\0&1&1&0\\0&0&1&1\end{vmatrix}=0$，所以 $\boldsymbol{\alpha}_1+\boldsymbol{\alpha}_2,\boldsymbol{\alpha}_2+\boldsymbol{\alpha}_3,\boldsymbol{\alpha}_3+\boldsymbol{\alpha}_4,\boldsymbol{\alpha}_4+\boldsymbol{\alpha}_1$ 线性相关.

（2）由（1）可知 $\boldsymbol{\beta}_1,\boldsymbol{\beta}_2,\boldsymbol{\beta}_3$ 线性无关（因为 $\boldsymbol{A}$ 中左上角有一个三阶子式不为 0），所以 $r(\boldsymbol{\beta}_1,\boldsymbol{\beta}_2,\boldsymbol{\beta}_3,\boldsymbol{\beta}_4)=3$，且 $\boldsymbol{\beta}_1,\boldsymbol{\beta}_2,\boldsymbol{\beta}_3$ 为它的一个极大无关组．令

$$W=L(\boldsymbol{\alpha}_1+\boldsymbol{\alpha}_2,\boldsymbol{\alpha}_2+\boldsymbol{\alpha}_3,\boldsymbol{\alpha}_3+\boldsymbol{\alpha}_4,\boldsymbol{\alpha}_4+\boldsymbol{\alpha}_1)=L(\boldsymbol{\beta}_1,\boldsymbol{\beta}_2,\boldsymbol{\beta}_3,\boldsymbol{\beta}_4),$$

则 $\dim W=r(\boldsymbol{\beta}_1,\boldsymbol{\beta}_2,\boldsymbol{\beta}_3,\boldsymbol{\beta}_4)=3$，且 $\boldsymbol{\alpha}_1+\boldsymbol{\alpha}_2,\boldsymbol{\alpha}_2+\boldsymbol{\alpha}_3,\boldsymbol{\alpha}_3+\boldsymbol{\alpha}_4$ 为线性空间 W 的一组基.

【例 5】 若以 $f(x)$ 表示实系数多项式，试证：$W=\{f(x)\mid f(1)=0,\partial(f(x))\leqslant n\}$ 是实数域上的线性空间，并求出它的一组基.

解： $f(1)=0$ 即 $f(x)$ 得所有系数之和为 0，W 作成 R 上线性空间．又 R 上多项式

$$f_1(x)=-1+x,f_2(x)=-1+x^2,\cdots,f_{n-1}(x)=-1+x^{n-1}$$

都属于 W 且线性无关：因为 $a_1f_1+a_2f_2+\cdots+a_{n-1}f_{n-1}=0$，则

$$-(a_1+a_2+\cdots+a_{n-1})+a_1x+\cdots+a_{n-1}x^{n-1}=0.\text{ 于是 } a_1=a_2=\cdots=a_{n-1}=0.$$

又若 $f(x)=a_0+a_1x+\cdots+a_{n-1}x^{n-1}\in W$，则 $a_0=-a_1-a_2-\cdots-a_{n-1}$，于是 $f(x)=a_1f_1(x)+a_2f_2(x)+\cdots+a_{n-1}f_{n-1}(x)$，即 W 中每个多项式都可由 $f_1,f_2,\cdots,f_{n-1}$ 线性表示．因此，W 是 R 上 $n-1$ 维线性空间，即 $R[x]_n$ 的 $n-1$ 维子空间.

【例 6】 $\boldsymbol{\alpha}_1,\boldsymbol{\alpha}_2,\cdots,\boldsymbol{\alpha}_n$ 与 $\boldsymbol{\beta}_1,\boldsymbol{\beta}_2,\cdots,\boldsymbol{\beta}_n$ 为空间 R^n 的两组基，

$$(\boldsymbol{\alpha}_1,\boldsymbol{\alpha}_2,\cdots,\boldsymbol{\alpha}_n)=(\boldsymbol{\beta}_1,\boldsymbol{\beta}_2,\cdots,\boldsymbol{\beta}_n)\boldsymbol{A},\boldsymbol{\alpha}\in R^n$$

$$\boldsymbol{\alpha}=x_1\boldsymbol{\alpha}_1+x_2\boldsymbol{\alpha}_2+\cdots+x_n\boldsymbol{\alpha}_n=y_1\boldsymbol{\beta}_1+y_2\boldsymbol{\beta}_2+\cdots+y_n\boldsymbol{\beta}_n,(x_1,x_2,\cdots,x_n)=(y_1,y_2,\cdots,y_n)\boldsymbol{B},$$

则 $(A)\boldsymbol{B}=\boldsymbol{A}^{\mathrm{T}};(B)\boldsymbol{B}=\boldsymbol{A}^*;(C)\boldsymbol{B}=(\boldsymbol{A}^{\mathrm{T}})^{-1};(D)\boldsymbol{B}=\boldsymbol{A}$.

解： $(\boldsymbol{\alpha}_1,\boldsymbol{\alpha}_2,\cdots,\boldsymbol{\alpha}_n)=(\boldsymbol{\beta}_1,\boldsymbol{\beta}_2,\cdots,\boldsymbol{\beta}_n)\boldsymbol{A}$

$$\begin{pmatrix}y_1\\y_2\\\vdots\\y_n\end{pmatrix}=\boldsymbol{A}\begin{pmatrix}x_1\\x_2\\\vdots\\x_n\end{pmatrix},\qquad (x_1,x_2,\cdots,x_n)=(y_1,y_2,\cdots,y_n)\boldsymbol{B},$$

$$\begin{pmatrix} x_1 \\ x_2 \\ \vdots \\ x_n \end{pmatrix} = \boldsymbol{B}^{\mathrm{T}} \begin{pmatrix} y_1 \\ y_2 \\ \vdots \\ y_n \end{pmatrix}, \qquad \begin{pmatrix} y_1 \\ y_2 \\ \vdots \\ y_n \end{pmatrix} = (\boldsymbol{B}^{\mathrm{T}})^{-1} \begin{pmatrix} x_1 \\ x_2 \\ \vdots \\ x_n \end{pmatrix},$$

因此 $\boldsymbol{A}=(\boldsymbol{B}^{\mathrm{T}})^{-1}$. 即 $\boldsymbol{B}=(\boldsymbol{A}^{\mathrm{T}})^{-1}$.

【例 7】若 n 维线性空间的两个线性子空间的和的维数减 1 等于它们交的维数. 证明：它们的和与其中之一个子空间相等，它们的交与另一个子空间相等.

证明：设这两个子空间分别为 W_1 和 W_2，由假设可得 $\dim(W_1+W_2)=\dim(W_1\cap W_2)+1$.

设 $\dim(W_1\cap W_2)=m, \dim W_1=n_1$, 由上式有

$$m=\dim(W_1\cap W_2)\leqslant \dim W_1=n_1\leqslant \dim(W_1+W_2)=m+1.$$

于是，n_1 只有两种可能：

（1）当 $n_1=m$ 时，有 $\dim(W_1\cap W_2)=\dim W_1$. 但 $W_1\cap W_2\subseteq W_1$, 从而 $W_1\cap W_2=W_1$, 此时 $W_1\subseteq W_2$. 故 $W_1+W_2=W_2$, 结论得证.

（2）当 $n_1=m+1$ 时，有 $\dim(W_1+W_2)=\dim W_1$, 但 $W_1\subseteq W_1\cap W_2$, 从而 $W_1=W_1+W_2$, 故 $W_2\subseteq W_1$. 于是 $W_1\cap W_2=W_2$，结论得证.

三、线性子空间、子空间的交与和

1．定义

数域 P 上的线性空间 V 的一个非空子集合 W 称为 V 的一个线性子空间（或简称子空间），如果 W 对于 V 的两种运算也构成数域 P 上的线性空间.

2．子空间的判定

数域 P 上的线性空间 V 的一个非空子集合 W，如果 W 对于 V 的两种运算封闭，则 W 是 V 的子空间.

3．子空间的交与和

设 W_1 和 W_2 是线性空间 V 的两个子空间,则它们的交 $W_1\cap W_2$ 也是 V 的子空间. 子空间的和 $W_1+W_2=\{\boldsymbol{\alpha}_1+\boldsymbol{\alpha}_2 \mid \boldsymbol{\alpha}_1\in W_1, \boldsymbol{\alpha}_2\in W_2\}$ 也是 V 的子空间. 子空间的并未必是子空间.

4．维数公式

$$\dim W_1+\dim W_2=\dim(W_1+W_2)+\dim(W_1\cap W_2).$$

【例 8】 设 $\boldsymbol{\alpha}_1=(1,2,1,-2), \boldsymbol{\alpha}_2=(2,3,1,0), \boldsymbol{\alpha}_3=(1,2,2,-3)$,

$$\boldsymbol{\beta}_1=(1,1,1,1), \boldsymbol{\beta}_2=(1,0,1,-1), \boldsymbol{\beta}_3=(1,3,0,-4),$$

$W_1=L(\boldsymbol{\alpha}_1,\boldsymbol{\alpha}_2,\boldsymbol{\alpha}_3), W_2=L(\boldsymbol{\beta}_1,\boldsymbol{\beta}_2,\boldsymbol{\beta}_3)$，求 $W_1\cap W_2$ 和 W_1+W_2 的维数与基.

分析：求子空间的交与和的基与维数的方法：

$W_1=L(\boldsymbol{\alpha}_1,\boldsymbol{\alpha}_2,\cdots,\boldsymbol{\alpha}_s),W_2=L(\boldsymbol{\beta}_1,\boldsymbol{\beta}_2,\cdots,\boldsymbol{\beta}_t)$，则

$$W_1+W_2=L(\boldsymbol{\alpha}_1,\boldsymbol{\alpha}_2,\cdots,\boldsymbol{\alpha}_s,\boldsymbol{\beta}_1,\boldsymbol{\beta}_2,\cdots,\boldsymbol{\beta}_t)$$

和空间的基就是向量组 $\boldsymbol{\alpha}_1,\boldsymbol{\alpha}_2,\cdots,\boldsymbol{\alpha}_s,\boldsymbol{\beta}_1,\boldsymbol{\beta}_2,\cdots,\boldsymbol{\beta}_t$ 的极大无关组.

为求 $W_1\cap W_2$ 的基与维数,设 $\boldsymbol{\alpha}\in W_1\cap W_2$，于是

$$\boldsymbol{\alpha}=k_1\boldsymbol{\alpha}_1+k_2\boldsymbol{\alpha}_2+\cdots+k_s\boldsymbol{\alpha}_s=l_1\boldsymbol{\beta}_1+l_2\boldsymbol{\beta}_2+\cdots+l_t\boldsymbol{\beta}_t,$$

从而 $k_1\boldsymbol{\alpha}_1+k_2\boldsymbol{\alpha}_2+\cdots+k_s\boldsymbol{\alpha}_s-l_1\boldsymbol{\beta}_1-l_2\boldsymbol{\beta}_2-\cdots-l_t\boldsymbol{\beta}_t=\mathbf{0}$ 问题转化为确定满足上述条件的 $k_1,k_2,\cdots,k_s$ 和 $l_1,l_2,\cdots,l_t$.

解：对矩阵 $\boldsymbol{A}$ 作初等行变换

$$\boldsymbol{A}=\begin{pmatrix}1&1&1&1&2&1\\1&0&3&2&3&2\\1&1&0&1&1&2\\1&-1&-4&-2&0&-3\end{pmatrix}\to\begin{pmatrix}1&1&1&1&2&1\\0&-1&2&1&1&1\\0&0&-1&0&-1&1\\0&-2&-5&-3&-2&-4\end{pmatrix}$$

$$\to\cdots\to\begin{pmatrix}1&0&0&2&0&5\\0&-1&0&1&-1&3\\0&0&-1&0&-1&1\\0&0&0&-5&-13&-15\end{pmatrix},$$

可以看出秩 $\{\boldsymbol{\beta}_1,\boldsymbol{\beta}_2,\boldsymbol{\beta}_3,\boldsymbol{\alpha}_1,\boldsymbol{\alpha}_2,\boldsymbol{\alpha}_3\}=4$, 所以

$\dim(W_1+W_2)=$ 秩 $\{\boldsymbol{\beta}_1,\boldsymbol{\beta}_2,\boldsymbol{\beta}_3,\boldsymbol{\alpha}_1,\boldsymbol{\alpha}_2,\boldsymbol{\alpha}_3\}=4$. 且 $\boldsymbol{\beta}_1,\boldsymbol{\beta}_2,\boldsymbol{\beta}_3,\boldsymbol{\alpha}_1$ 为 W_1+W_2 的一组基.

构造齐次线性方程组

$$x_1\boldsymbol{\beta}_1+x_2\boldsymbol{\beta}_2+x_3\boldsymbol{\beta}_3+y_1\boldsymbol{\alpha}_1+y_2\boldsymbol{\alpha}_2+y_3\boldsymbol{\alpha}_3=0,$$

齐次方程组与下面齐次线性方程组同解

$$\begin{cases}x_1+2y_2-5y_3=0\\x_2-y_1+y_2-3y_3=0\\x_3+y_2-y_3=0\\5y_1+13y_2+15y_3=0\end{cases},$$

令 $y_2=5,y_3=0$ 得 $\boldsymbol{\delta}_1=(26,-18,-5,-13,5,0)^{\mathrm{T}}$.

再令 $y_2=0,y_3=1$ 得 $\boldsymbol{\delta}_2=(1,0,1,-3,0,1)^{\mathrm{T}}$.

再令

$$\boldsymbol{\xi}_1=(\boldsymbol{\alpha}_1,\boldsymbol{\alpha}_2,\boldsymbol{\alpha}_3)\begin{pmatrix}-13\\5\\0\end{pmatrix}=-13\boldsymbol{\alpha}_1+5\boldsymbol{\alpha}_2=(-3,-11,-8,26).$$

$$\boldsymbol{\xi}_2=(\boldsymbol{\alpha}_1,\boldsymbol{\alpha}_2,\boldsymbol{\alpha}_3)\begin{pmatrix}-3\\0\\1\end{pmatrix}=-3\boldsymbol{\alpha}_1+\boldsymbol{\alpha}_3=(-2,-4,-1,3).$$

则 $W_1\cap W_2=L(\boldsymbol{\xi}_1,\boldsymbol{\xi}_2),\dim(W_1\cap W_2)=2,$ 且 $\boldsymbol{\xi}_1,\boldsymbol{\xi}_2$ 为 $W_1\cap W_2$ 的一组基.

【例 9】 设 V_1,V_2 是 n 维线性空间 V 的两个非平凡子空间，证明在 V 中存在向量 $\boldsymbol{\alpha}$ 使 $\boldsymbol{\alpha}\notin V_1,\boldsymbol{\alpha}\notin V_2$ 同时成立.

证明：由于 V_1 是线性空间 V 的真子空间，所以 $\exists\boldsymbol{\alpha}_1\in V,\boldsymbol{\alpha}_1\notin V_1$. 下面分情况讨论：

（1）若 $\boldsymbol{\alpha}_1\notin V_2$, 则令 $\boldsymbol{\alpha}=\boldsymbol{\alpha}_1$ 即可.

（2）若 $\boldsymbol{\alpha}_1\in V_2$, 由 V_2 是 V 的真子空间知 $\exists\boldsymbol{\alpha}_2\in V,\boldsymbol{\alpha}_2\notin V_2$. 下面再分情况讨论：

（i）若 $\boldsymbol{\alpha}_2\notin V_1$, 则令 $\boldsymbol{\alpha}=\boldsymbol{\alpha}_2$ 即可.

（ii）若 $\boldsymbol{\alpha}_2\in V_1$, 令 $\boldsymbol{\alpha}=\boldsymbol{\alpha}_1+\boldsymbol{\alpha}_2$ 即可.

故结论成立.

【例 10】 设 P^n 是数域 P 上全体 n 维向量组成的线性空间,证明：P^n 的任一子空间 W，必至少是一个 n 元齐次线性方程组的解空间.

证明：设 $\dim W=s$, 取 W 的一组基 $\boldsymbol{\alpha}_1,\boldsymbol{\alpha}_2,\cdots,\boldsymbol{\alpha}_s$, 则 $W=L(\boldsymbol{\alpha}_1,\boldsymbol{\alpha}_2,\cdots,\boldsymbol{\alpha}_s)$, 其中 $\boldsymbol{\alpha}_i$ 为 n 维列向量. 令 $\boldsymbol{A}=\begin{pmatrix}\boldsymbol{\alpha}_1^{\mathrm{T}}\\\vdots\\\boldsymbol{\alpha}_s^{\mathrm{T}}\end{pmatrix}$, 则 $r(\boldsymbol{A})=s$. 作齐次线性方程组

$$\boldsymbol{\alpha}_i^{\mathrm{T}}\boldsymbol{\beta}_j=0,\text{ 即 }\boldsymbol{\beta}_j^{\mathrm{T}}\boldsymbol{\alpha}_i=0,(i=1,2,\cdots,s;j=1,2,\cdots,n-s)$$

令 $\boldsymbol{B}=\begin{pmatrix}\boldsymbol{\beta}_1^{\mathrm{T}}\\\vdots\\\boldsymbol{\beta}_{n-s}^{\mathrm{T}}\end{pmatrix}$, 作齐次线性方程组 $\boldsymbol{Bx}=\boldsymbol{0}$,

由于 $r(\boldsymbol{B})=n-s$, 所以 $\boldsymbol{Bx}=\boldsymbol{0}$ 的解空间是 s 维的. 由此知 $\boldsymbol{\alpha}_1,\boldsymbol{\alpha}_2,\cdots,\boldsymbol{\alpha}_s$ 为 n 元齐次线性方程组 $\boldsymbol{Bx}=\boldsymbol{0}$ 的解空间的一组基，故 W 是 $\boldsymbol{Bx}=\boldsymbol{0}$ 的解空间.

【练习】 设 $V_1,V_2,\cdots,V_m$ 是 n 维线性空间 V 的非平凡子空间，

（1）存在 $\boldsymbol{\alpha}\in V$, 使得 $\boldsymbol{\alpha}\notin V_1\cup V_2\cup\cdots\cup V_m$;

（2）存在 V 中的一组基 $\boldsymbol{\varepsilon}_1,\boldsymbol{\varepsilon}_2,\cdots,\boldsymbol{\varepsilon}_n$ 使得 $\{\boldsymbol{\varepsilon}_1,\boldsymbol{\varepsilon}_2,\cdots,\boldsymbol{\varepsilon}_n\}\cap(V_1\cup V_2\cup\cdots\cup V_m)=\varphi$.

四、子空间的直和

1. 直和的概念

设 V_1,V_2 是线性空间 V 的子空间，如果和 V_1+V_2 中每个向量 $\boldsymbol{\alpha}$ 的分解式 $\boldsymbol{\alpha}=\boldsymbol{\alpha}_1+\boldsymbol{\alpha}_2$，$\boldsymbol{\alpha}_1\in V_1,\boldsymbol{\alpha}_2\in V_2$ 是唯一的，这个和就称为直和，记为 $V_1\oplus V_2$.

2．直和的判定

和 V_1+V_2 中任意向量 $\boldsymbol{\alpha}$ 的分解式唯一 $\Leftrightarrow$ 零向量的分解式唯一 $\Leftrightarrow W_1\cap W_2=\{\mathbf{0}\}\Leftrightarrow$ $\dim(W_1+W_2)=\dim W_1+\dim W_2$.

【例 11】 设 V_1,V_2 分别是齐次线性方程组 $x_1+x_2+\cdots+x_n=0$ 与 $x_1=x_2=\cdots=x_n$ 的解空间. 证明：$P^n=W_1\oplus W_2$.

证明： $x_1+x_2+\cdots+x_n=0$ 的解空间是 $n-1$ 维的，基为 $\boldsymbol{\alpha}_1=(-1,1,0,\cdots,0)^{\mathrm{T}}$，$\boldsymbol{\alpha}_2=(-1,0,1,\cdots,0)^{\mathrm{T}}$，$\cdots,\boldsymbol{\alpha}_{n-1}=(-1,0,0,\cdots,1)^{\mathrm{T}}$，由 $x_1=x_2=\cdots=x_n$，即

$$\begin{cases}x_1-x_2=0\\x_2-x_3=0\\\quad\vdots\\x_{n-1}-x_n=0\end{cases},$$

得解空间的一个基础解系为 $\boldsymbol{\beta}=(1,1,\cdots,1)^{\mathrm{T}}$.

因为由 $\boldsymbol{\alpha}_1,\boldsymbol{\alpha}_2,\cdots,\boldsymbol{\alpha}_{n-1},\boldsymbol{\beta}$ 构成的矩阵为 $\boldsymbol{A}=(\boldsymbol{\alpha}_1,\boldsymbol{\alpha}_2,\cdots,\boldsymbol{\alpha}_{n-1},\boldsymbol{\beta})$ 满足

$$|\boldsymbol{A}|=\begin{vmatrix}-1&1&0&\cdots&0\\-1&0&1&\cdots&0\\\vdots&\vdots&\vdots&&\vdots\\-1&0&0&\cdots&1\\1&1&1&\cdots&1\end{vmatrix}=(-1)^{n+1}n\neq 0$$

所以 $\boldsymbol{\alpha}_1,\boldsymbol{\alpha}_2,\cdots,\boldsymbol{\alpha}_{n-1},\boldsymbol{\beta}$ 是 P^n 的一组基，从而 P^n 中的任意向量可由 $\boldsymbol{\alpha}_1,\boldsymbol{\alpha}_2,\cdots,\boldsymbol{\alpha}_{n-1},\boldsymbol{\beta}$ 线性表出，故 $P^n=W_1+W_2$.

又因为 $\dim P^n=n=\dim W_1+\dim W_2$，所以 $P^n=W_1\oplus W_2$.

【例 12】（上海交通大学 2018 年）设 $\boldsymbol{M}\in P^{n\times n}$，$f(x),g(x)\in P[x]$，且 $(f(x),g(x))=1$. 令 $\boldsymbol{A}=f(\boldsymbol{M})$，$\boldsymbol{B}=g(\boldsymbol{M})$. W,W_1,W_2 分别是线性方程组 $\boldsymbol{ABX}=\mathbf{0},\boldsymbol{AX}=\mathbf{0},\boldsymbol{BX}=\mathbf{0}$ 的解空间，

证明：$W=W_1\oplus W_2$.

证明： 由于 $(f(x),g(x))=1$，因而存在 $u(x),v(x)\in P[x]$，使 $u(x)f(x)+v(x)g(x)=1$. 从而

$$u(\boldsymbol{M})f(\boldsymbol{M})+v(\boldsymbol{M})g(\boldsymbol{M})=\boldsymbol{E}.\tag{1}$$

先证明 $W=W_1+W_2$.

对 $\forall\boldsymbol{\alpha}\in W$，有 $\boldsymbol{AB\alpha}=\mathbf{0}$，即 $f(\boldsymbol{M})g(\boldsymbol{M})\boldsymbol{\alpha}=\mathbf{0}$. 由（1）式知

$$\boldsymbol{\alpha}=\boldsymbol{E\alpha}=u(\boldsymbol{M})f(\boldsymbol{M})\boldsymbol{\alpha}+v(\boldsymbol{M})g(\boldsymbol{M})\boldsymbol{\alpha}=\boldsymbol{\alpha}_1+\boldsymbol{\alpha}_2$$

其中 $\boldsymbol{\alpha}_1=v(\boldsymbol{M})g(\boldsymbol{M})\boldsymbol{\alpha},\boldsymbol{\alpha}_2=u(\boldsymbol{M})f(\boldsymbol{M})\boldsymbol{\alpha}$. 因为

$$\boldsymbol{B\alpha}_2=g(\boldsymbol{M})u(\boldsymbol{M})f(\boldsymbol{M})\boldsymbol{\alpha}=u(\boldsymbol{M})f(\boldsymbol{M})g(\boldsymbol{M})\boldsymbol{\alpha}=\mathbf{0}.$$

所以 $\boldsymbol{\alpha}_2\in W_2$. 同理可证 $\boldsymbol{\alpha}_1\in W_1$，故 $\boldsymbol{\alpha}\in W_1+W_2$. 此即 $W\subseteq W_1+W_2$.

又因为$f(\boldsymbol{M})g(\boldsymbol{M})=g(\boldsymbol{M})f(\boldsymbol{M})$,所以$\boldsymbol{AB}=\boldsymbol{BA}$.对$\forall\boldsymbol{\beta}\in W_1$,有$\boldsymbol{A\beta}=\boldsymbol{0}$,所以$\boldsymbol{AB\beta}=\boldsymbol{BA\beta}=\boldsymbol{0}$,即$\boldsymbol{\beta}\in W$. 这表明$W_1\subset W$,同理可证$W_2\subseteq W$,从而$W_1+W_2\subseteq W$. 故有$W=W_1+W_2$,

再证明$W_1\cap W_2=\{\boldsymbol{0}\}$.

对$\forall\boldsymbol{\delta}\in W_1\cap W_2$,有$\boldsymbol{A\delta}=\boldsymbol{0},\boldsymbol{B\delta}=\boldsymbol{0}$,从而$f(\boldsymbol{M})\boldsymbol{\delta}=\boldsymbol{0},g(\boldsymbol{M})\boldsymbol{\delta}=\boldsymbol{0}$. 由式（1）有

$$\boldsymbol{\delta}=\boldsymbol{E\delta}=u(\boldsymbol{M})f(\boldsymbol{M})\boldsymbol{\delta}+v(\boldsymbol{M})g(\boldsymbol{M})\boldsymbol{\delta}=\boldsymbol{0}$$

从而$W_1\cap W_2=\{\boldsymbol{0}\}$.故$W=W_1\oplus W_2$.

【例 13】（天津大学 2020 年）设$V=M_n(K)$,其中K是数域,分别用V_1,V_2表示K上的所有n级对称矩阵,反对称矩阵组成的子空间. 证明：$V=V_1\oplus V_2$.

证明：对$\forall\boldsymbol{A}\in M_n(K)$,有$\boldsymbol{A}=\dfrac{\boldsymbol{A}+\boldsymbol{A}^{\mathrm{T}}}{2}+\dfrac{\boldsymbol{A}-\boldsymbol{A}^{\mathrm{T}}}{2}=\boldsymbol{B}+\boldsymbol{C}$.

其中$\boldsymbol{B}=\dfrac{\boldsymbol{A}+\boldsymbol{A}^{\mathrm{T}}}{2},\boldsymbol{C}=\dfrac{\boldsymbol{A}-\boldsymbol{A}^{\mathrm{T}}}{2}$. 容易验证$\boldsymbol{B}^{\mathrm{T}}=\boldsymbol{B},\boldsymbol{C}^{\mathrm{T}}=\boldsymbol{C}$,所以$\boldsymbol{B}\in V_1,\boldsymbol{C}\in V_2$,即有$V=V_1+V_2$.

若$\boldsymbol{D}\in V_1\cap V_2$,则$\boldsymbol{D}^{\mathrm{T}}=\boldsymbol{D},\boldsymbol{D}^{\mathrm{T}}=-\boldsymbol{D}$,所以$\boldsymbol{D}=\boldsymbol{0}$. 即$V_1\cap V_2=\{\boldsymbol{0}\}$,故$V=V_1\oplus V_2$.

【例 14】 设n阶方阵$\boldsymbol{A},\boldsymbol{B},\boldsymbol{C},\boldsymbol{D}$两两可交换,且满足$\boldsymbol{AC}+\boldsymbol{BD}=\boldsymbol{E}$,记$\boldsymbol{ABx}=\boldsymbol{0}$的解空间为$W$, $\boldsymbol{Bx}=\boldsymbol{0}$的解空间为$W_1$, $\boldsymbol{Ax}=\boldsymbol{0}$的解空间为$W_2$. 证明：$W=W_1\oplus W_2$.

证明：对$\forall\boldsymbol{\alpha}\in W$,有$\boldsymbol{AB\alpha}=\boldsymbol{0}$,且$\boldsymbol{\alpha}=\boldsymbol{E\alpha}=(\boldsymbol{AC}+\boldsymbol{BD})\boldsymbol{\alpha}=\boldsymbol{AC\alpha}+\boldsymbol{BD\alpha}=\boldsymbol{\alpha}_1+\boldsymbol{\alpha}_2$

其中$\boldsymbol{\alpha}_1=\boldsymbol{AC\alpha},\boldsymbol{\alpha}_2=\boldsymbol{BD\alpha}$.注意到$\boldsymbol{A},\boldsymbol{B},\boldsymbol{C},\boldsymbol{D}$两两可交换,从而

$$\boldsymbol{B\alpha}_1=\boldsymbol{B}(\boldsymbol{AC\alpha})=\boldsymbol{C}(\boldsymbol{AB\alpha})=\boldsymbol{0},\boldsymbol{A\alpha}_2=\boldsymbol{A}(\boldsymbol{BD\alpha})=\boldsymbol{D}(\boldsymbol{AB\alpha})=\boldsymbol{0},$$

可见$\boldsymbol{\alpha}_1\in W_1,\boldsymbol{\alpha}_2\in W_2$,故$W=W_1+W_2$.再证$W_1+W_2$是直和.

任取$\boldsymbol{\beta}\in W_1\cap W_2$,即有$\boldsymbol{\beta}\in W_1$且$\boldsymbol{\beta}\in W_2$,也即$\boldsymbol{B\beta}=\boldsymbol{A\beta}=\boldsymbol{0}$,则

$\boldsymbol{\beta}=\boldsymbol{E\beta}=(\boldsymbol{AC}+\boldsymbol{BD})\boldsymbol{\beta}=\boldsymbol{AC\beta}+\boldsymbol{BD\beta}=\boldsymbol{C}(\boldsymbol{A\beta})+\boldsymbol{D}(\boldsymbol{B\beta})=\boldsymbol{0}$可见$W_1\cap W_2=\{\boldsymbol{0}\}$.

故$W=W_1\oplus W_2$.

【例 15】 设P是数域，$m<n,\boldsymbol{A}\in P^{m\times n},\boldsymbol{B}\in P^{(n-m)\times n}$, W_1,W_2分别是齐次线性方程组$\boldsymbol{AX}=\boldsymbol{0}$, $\boldsymbol{BX}=\boldsymbol{0}$的解空间. 证明：$P^n=W_1\oplus W_2$的充分必要条件是$\begin{pmatrix}\boldsymbol{A}\\ \boldsymbol{B}\end{pmatrix}\boldsymbol{x}=\boldsymbol{0}$只有零解.

证明：充分性. $\begin{pmatrix}\boldsymbol{A}\\ \boldsymbol{B}\end{pmatrix}\in P^{n\times n}$，若$\begin{pmatrix}\boldsymbol{A}\\ \boldsymbol{B}\end{pmatrix}\boldsymbol{x}=\boldsymbol{0}$只有零解，则$\begin{vmatrix}\boldsymbol{A}\\ \boldsymbol{B}\end{vmatrix}\neq 0$,于是，$r(\boldsymbol{A})=m$, $r(\boldsymbol{B})=n-m$.

对$\forall\boldsymbol{x}_0\in W_1\cap W_2$，有$\begin{cases}\boldsymbol{Ax}_0=\boldsymbol{0}\\ \boldsymbol{Bx}_0=\boldsymbol{0}\end{cases}$，即$\begin{pmatrix}\boldsymbol{A}\\ \boldsymbol{B}\end{pmatrix}\boldsymbol{x}_0=\boldsymbol{0}$，所以$\boldsymbol{x}_0=\boldsymbol{0}$. 故$W_1\cap W_2=\{\boldsymbol{0}\}$. 又因为$W_1+W_2\subseteq P^n$,且

$$\begin{aligned}\dim(W_1+W_2)&=\dim W_1+\dim W_2-\dim(W_1\cap W_2)\\&=(n-r(\boldsymbol{A}))+(n-r(\boldsymbol{B}))=n-m+m=n=\dim P^n,\end{aligned}$$

故$P^n=W_1\oplus W_2$.

必要性．已知 $P^n = W_1 \oplus W_2$，用反证法．若 $\begin{pmatrix} A \\ B \end{pmatrix} x = 0$ 有非零解 x_1，则 $\begin{cases} Ax_1 = 0 \\ Bx_1 = 0 \end{cases}$，

即 $x_1 \in W_1 \cap W_2$，这与 $P^n = W_1 \oplus W_2$ 矛盾．从而 $\begin{pmatrix} A \\ B \end{pmatrix} x = 0$ 只有零解．

【例 16】 设 W, W_1, W_2 都是线性空间 V 的子空间，$W_1 \subseteq W$，$V = W_1 \oplus W_2$．证明：$\dim W = \dim W_1 + \dim(W_2 \cap W)$．

证明： 先证 $W = W_1 + (W_2 \cap W)$．

因为 $W_1 \subseteq W, W_2 \cap W \subseteq W$，所以 $W_1 + (W_2 \cap W) \subseteq W$．

对 $\forall \boldsymbol{\alpha} \in W$，由 $V = W_1 \oplus W_2$ 知 $\boldsymbol{\alpha} = \boldsymbol{\alpha}_1 + \boldsymbol{\alpha}_2$，其中 $\boldsymbol{\alpha}_1 \in W_1, \boldsymbol{\alpha}_2 \in W_2$．于是 $\boldsymbol{\alpha}_2 = \boldsymbol{\alpha} - \boldsymbol{\alpha}_1 \in W$，从而 $\boldsymbol{\alpha}_2 \in W_2 \cap W$，故 $\boldsymbol{\alpha} \in W_1 + (W_2 \cap W)$，此即 $W \subseteq W_1 + (W_2 \cap W)$．故有 $W = W_1 + (W_2 \cap W)$．

再证 $W_1 \cap (W_2 \cap W) = \{\boldsymbol{0}\}$．

对 $\forall \boldsymbol{\beta} \in W_1 \cap (W_2 \cap W)$．有 $\boldsymbol{\beta} \in W_1$，$\boldsymbol{\beta} \in W_2$，由 $W_1 + W_2$ 是直和知 $\boldsymbol{\beta} = \boldsymbol{0}$．

故 $W = W_1 \oplus (W_2 \cap W)$．于是 $\dim W = \dim W_1 + \dim(W_2 \cap W)$．

【例 17】 设 $\boldsymbol{A}$ 是数域 P 上的 n 阶幂等矩阵（$\boldsymbol{A}^2 = \boldsymbol{A}$），又设向量空间 P^n 的两个子空间为 $V_1 = \{\boldsymbol{x} \mid \boldsymbol{A}\boldsymbol{x} = \boldsymbol{0}\}$，$V_2 = \{\boldsymbol{x} \mid (\boldsymbol{E} - \boldsymbol{A})\boldsymbol{x} = \boldsymbol{0}\}$．证明：$P^n = V_1 \oplus V_2$．

证明： 对 $\forall \boldsymbol{\alpha} \in P^n$，则由于 $\boldsymbol{A}^2 = \boldsymbol{A}$，故 $\boldsymbol{A}(\boldsymbol{\alpha} - \boldsymbol{A}\boldsymbol{\alpha}) = \boldsymbol{0}, (\boldsymbol{E} - \boldsymbol{A})\boldsymbol{A}\boldsymbol{\alpha} = \boldsymbol{0}$．因此 $\boldsymbol{\alpha} - \boldsymbol{A}\boldsymbol{\alpha} = \boldsymbol{\alpha}_1 \in V_1, \boldsymbol{A}\boldsymbol{\alpha} \in V_2$ 且 $\boldsymbol{\alpha} = \boldsymbol{\alpha}_1 + \boldsymbol{A}\boldsymbol{\alpha} \in V_1 + V_2$．于是 $P^n = V_1 + V_2$．

又若 $\boldsymbol{\alpha} \in V_1 \cap V_2$，则 $\boldsymbol{A}\boldsymbol{\alpha} = (\boldsymbol{E} - \boldsymbol{A})\boldsymbol{\alpha} = 0$，从而 $\boldsymbol{\alpha} = \boldsymbol{0}$，故 $V_1 \cap V_2 = \{\boldsymbol{0}\}$．

因此 $P^n = V_1 \oplus V_2$．

【练习】

1．设 V 是数域 P 上的一个 n 维线性空间，$\boldsymbol{\alpha}_1, \boldsymbol{\alpha}_2, \cdots, \boldsymbol{\alpha}_n$ 是 V 的一组基，用 W_1 表示由 $\boldsymbol{\alpha}_1 + \boldsymbol{\alpha}_2 + \cdots + \boldsymbol{\alpha}_n$ 生成的子空间，令 $W_2 = \left\{ \sum_{i=1}^{n} k_i \boldsymbol{\alpha}_i \mid \sum_{i=1}^{n} k_i = 0, k_i \in P \right\}$．证明：

（1）W_2 是 V 的子空间；

（2）$V = W_1 \oplus W_2$．

2．σ 是数域 P 上的线性空间 V 的线性变换，且 $\sigma^2 = \sigma$．证明：

（1）$\sigma^{-1}(\boldsymbol{0}) = \{\boldsymbol{\alpha} - \sigma(\boldsymbol{\alpha}) \mid \boldsymbol{\alpha} \in V\}$；

（2）$V = \sigma^{-1}(\boldsymbol{0}) \oplus \sigma(V)$；

（3）如果 τ 是 V 的线性变换，且 $\sigma^{-1}(\boldsymbol{0}), \sigma(V)$ 都是 τ 的不变子空间，则 $\sigma\tau = \tau\sigma$．

五、线性空间的同构

1．同构的概念

数域 P 上两个线性空间 V 与 V' 称为同构的，如果由 V 到 V' 有一个双射 σ，具有以下

性质：

（1）$\sigma(\boldsymbol{\alpha}+\boldsymbol{\beta})=\sigma(\boldsymbol{\alpha})+\sigma(\boldsymbol{\beta})$；

（2）$\sigma(k\boldsymbol{\alpha})=k\sigma(\boldsymbol{\alpha})$. 其中 $\boldsymbol{\alpha},\boldsymbol{\beta}$ 是 V 中任意向量，k 是 P 中任意数．这样的映射 σ 称为同构映射．

2．同构映射具有下列性质

（1）$\sigma(\mathbf{0})=\mathbf{0},\sigma(-\boldsymbol{\alpha})=-\sigma(\boldsymbol{\alpha})$.

（2）$\sigma(k_1\boldsymbol{\alpha}_1+k_2\boldsymbol{\alpha}_2+\cdots+k_r\boldsymbol{\alpha}_r)=k_1\sigma(\boldsymbol{\alpha}_1)+k_2\sigma(\boldsymbol{\alpha}_2)+\cdots+k_r\sigma(\boldsymbol{\alpha}_r)$.

（3）V 中向量组 $\alpha_1,\alpha_2,\cdots,\alpha_r$ 线性相关 $\Leftrightarrow$ 它们的像 $\sigma(\boldsymbol{\alpha}_1),\sigma(\boldsymbol{\alpha}_2),\cdots,\sigma(\boldsymbol{\alpha}_r)$ 线性相关．

因为维数就是空间中线性无关向量的最大个数，所以由同构映射的性质可以推知，同构的线性空间有相同的维数．

（4）如果 V_1 是 V 的一个线性子空间，那么，V_1 在 σ 下的像集合 $\sigma(V_1)=\{\sigma(\boldsymbol{\alpha})\mid\boldsymbol{\alpha}\in V_1\}$ 是 $\sigma(V)$ 的子空间，并且 V_1 与 $\sigma(V_1)$ 维数相同．

（5）同构映射的逆映射以及两个同构映射的乘积还是同构映射．

同构作为线性空间之间的一种关系，具有反身性、对称性与传递性．

3．线性空间同构的充要条件

数域 P 上两个有限维线性空间同构的充要条件是它们有相同的维数．

【例 18】 证明：线性空间 $P[t]$ 可以与它的一个真子空间同构．

证明：记数域 P 上所有常数项为零的多项式构成的线性空间为 V，显然 $V\subset P[t]$，且 V 中多项式都可以表示为 $tf(t)$，其中 $f(t)\in P[t]$. 构造 $P[t]$ 到 V 的映射：

$$\sigma(f(t))=tf(t),\ (\forall f(t)\in P[t]),$$

由于对任意 $f(t),g(t)\in P[t],k\in P$，当 $\sigma(f(t))=tf(t)=tg(t)=\sigma(g(t))$ 时有 $f(t)=g(t)$，即 σ 是单射．显然 σ 是满射，从而 σ 是双射．又有

$$\sigma(f(t)+g(t))=t(f(t)+g(t))=tf(t)+tg(t))=\sigma(f(t))+\sigma(g(t))$$

$$\sigma(kf(t))=t(kf(t))=ktf(t)=k\sigma(f(t)),$$

故 σ 是 $P[t]$ 到 V 的同构映射，于是 $P[t]$ 与它的真子空间 V 同构．

【练习】

1．数域 P 上任一 n 维线性空间 V 都与 P^n 同构．

2．设 $\boldsymbol{\alpha}_1,\boldsymbol{\alpha}_2,\cdots,\boldsymbol{\alpha}_n$ 是 n 维线性空间 V 的一组基，$\boldsymbol{A}$ 是一个 $n\times s$ 矩阵，$(\boldsymbol{\beta}_1,\boldsymbol{\beta}_2,\cdots,\boldsymbol{\beta}_n)=(\boldsymbol{\alpha}_1,\boldsymbol{\alpha}_2,\cdots,\boldsymbol{\alpha}_n)\boldsymbol{A}$. 证明：$L(\boldsymbol{\beta}_1,\boldsymbol{\beta}_2,\cdots,\boldsymbol{\beta}_n)$ 的维数等于 $\boldsymbol{A}$ 的秩．

第七章

线 性 变 换

一、线性变换的概念、运算与线性变换的矩阵

1. 线性变换的概念与性质

定义：线性空间 V 的一个变换 σ 称为线性变换，如果对于 V 中任意的元素 $\boldsymbol{\alpha},\boldsymbol{\beta}$ 和数域 P 中任意数 k，都有 $\sigma(\boldsymbol{\alpha}+\boldsymbol{\beta})=\sigma(\boldsymbol{\alpha})+\sigma(\boldsymbol{\beta})$， $\sigma(k\boldsymbol{\alpha})=k\sigma(\boldsymbol{\alpha})$.

性质：（1）设 σ 是 V 的线性变换，则 $\sigma(\mathbf{0})=\mathbf{0},\sigma(-\boldsymbol{\alpha})=-\sigma(\boldsymbol{\alpha})$.

（2）线性变换保持线性组合与线性关系式不变. 即如果 $\boldsymbol{\beta}$ 是 $\boldsymbol{\alpha}_1,\boldsymbol{\alpha}_2,\cdots,\boldsymbol{\alpha}_r$ 的线性组合：$\boldsymbol{\beta}=k_1\boldsymbol{\alpha}_1+k_2\boldsymbol{\alpha}_2+\cdots+k_r\boldsymbol{\alpha}_r$,则 $\sigma(\boldsymbol{\beta})=k_1\sigma(\boldsymbol{\alpha}_1)+k_2\sigma(\boldsymbol{\alpha}_2)+\cdots+k_r\sigma(\boldsymbol{\alpha}_r)$.

又如果 $\boldsymbol{\alpha}_1,\boldsymbol{\alpha}_2,\cdots,\boldsymbol{\alpha}_r$ 之间有一线性关系式 $k_1\boldsymbol{\alpha}_1+k_2\boldsymbol{\alpha}_2+\cdots+k_r\boldsymbol{\alpha}_r=\mathbf{0}$,则它们的像之间也有同样的关系式 $k_1\sigma(\boldsymbol{\alpha}_1)+k_2\sigma(\boldsymbol{\alpha}_2)+\cdots+k_r\sigma(\boldsymbol{\alpha}_r)=\mathbf{0}$.

（3）线性变换把线性相关的向量组变成线性相关的向量组.

2. 线性变换的运算

设 σ,τ 是数域 P 上线性空间 V 的两个线性变换， $\forall\boldsymbol{\alpha}\in V,k\in P$,定义线性变换的加法和数乘为 $(\sigma+\tau)(\boldsymbol{\alpha})=\sigma(\boldsymbol{\alpha})+\tau(\boldsymbol{\alpha}),(k\sigma)(\boldsymbol{\alpha})=k\sigma(\boldsymbol{\alpha})$.

两个线性变换的和 $\sigma+\tau$ 以及一个线性变换的任意倍数 $k\sigma$ 还是线性变换. 这样 V 的一切线性变换组成的集合 $L(V)$ 中定义了加法和数乘，并且满足线性空间定义中的八条运算律，所以 $L(V)$ 构成数域 P 上的线性空间.

线性变换的乘法定义为 $(\sigma\tau)(\boldsymbol{\alpha})=\sigma(\tau(\boldsymbol{\alpha}))$. 两个线性变换之积仍是一个线性变换，线性变换的乘法不满足交换律，但满足结合律，同一个线性变换的多项式的乘法是可交换的.

3. 线性变换的矩阵

（1）确定线性变换的条件.

① 设 $\boldsymbol{\varepsilon}_1,\boldsymbol{\varepsilon}_2,\cdots,\boldsymbol{\varepsilon}_n$ 是线性空间 V 的一组基，如果线性变换 σ 与 τ 在这组基上的作用相同，即 $\sigma(\boldsymbol{\varepsilon}_i)=\tau(\boldsymbol{\varepsilon}_i),i=1,2,\cdots,n$.那么 $\sigma=\tau$.

② 设 $\boldsymbol{\varepsilon}_1,\boldsymbol{\varepsilon}_2,\cdots,\boldsymbol{\varepsilon}_n$ 是线性空间 V 的一组基，对于任意一组向量 $\boldsymbol{\alpha}_1,\boldsymbol{\alpha}_2,\cdots,\boldsymbol{\alpha}_n$ 一定有一个

线性变换σ使$\sigma(\boldsymbol{\varepsilon}_i)=\boldsymbol{\alpha}_i, i=1,2,\cdots,n$.

设$\boldsymbol{\varepsilon}_1,\boldsymbol{\varepsilon}_2,\cdots,\boldsymbol{\varepsilon}_n$是线性空间$V$的一组基，$\boldsymbol{\alpha}_1,\boldsymbol{\alpha}_2,\cdots,\boldsymbol{\alpha}_n$是$V$中任意$n$个向量，则存在唯一的线性变换$\sigma$使$\sigma(\boldsymbol{\varepsilon}_i)=\boldsymbol{\alpha}_i, i=1,2,\cdots,n$.

（2）线性变换的矩阵.

设$\boldsymbol{\varepsilon}_1,\boldsymbol{\varepsilon}_2,\cdots,\boldsymbol{\varepsilon}_n$是数域$P$上$n$维线性空间$V$的一组基，$\sigma$是$V$的一个线性变换. 基向量的像可以被基线性表出：

$$\begin{cases}\sigma\boldsymbol{\varepsilon}_1=a_{11}\boldsymbol{\varepsilon}_1+a_{21}\boldsymbol{\varepsilon}_2+\cdots+a_{n1}\boldsymbol{\varepsilon}_n\\ \sigma\boldsymbol{\varepsilon}_2=a_{12}\boldsymbol{\varepsilon}_1+a_{22}\boldsymbol{\varepsilon}_2+\cdots+a_{n2}\boldsymbol{\varepsilon}_n\\ \quad\vdots\\ \sigma\boldsymbol{\varepsilon}_n=a_{1n}\boldsymbol{\varepsilon}_1+a_{2n}\boldsymbol{\varepsilon}_2+\cdots+a_{nn}\boldsymbol{\varepsilon}_n\end{cases}.$$

用矩阵表示就是 $\sigma(\boldsymbol{\varepsilon}_1,\boldsymbol{\varepsilon}_2,\cdots,\boldsymbol{\varepsilon}_n)=(\sigma(\boldsymbol{\varepsilon}_1),\sigma(\boldsymbol{\varepsilon}_2),\cdots,\sigma(\boldsymbol{\varepsilon}_n))\boldsymbol{A}$，其中

$$A=\begin{pmatrix}a_{11}&a_{12}&\cdots&a_{1n}\\a_{21}&a_{22}&\cdots&a_{2n}\\\vdots&\vdots&&\vdots\\a_{n1}&a_{n2}&\cdots&a_{nn}\end{pmatrix},$$

矩阵$\boldsymbol{A}$称为线性变换σ在基$\boldsymbol{\varepsilon}_1,\boldsymbol{\varepsilon}_2,\cdots,\boldsymbol{\varepsilon}_n$下的矩阵.

【例 1】 设$\boldsymbol{A},\boldsymbol{B},\boldsymbol{C},\boldsymbol{D}$是线性空间$F^{n\times n}$中的方阵，对$\forall \boldsymbol{X}\in F^{n\times n}$，令

$$\sigma(\boldsymbol{X})=\boldsymbol{AXB}+\boldsymbol{CX}+\boldsymbol{XD}.$$

证明：（1）σ是$F^{n\times n}$的线性变换.（2）当$\boldsymbol{C}=\boldsymbol{D}=\boldsymbol{O}$时，$\sigma$可逆$\Leftrightarrow|\boldsymbol{AB}|\neq 0$.

分析：（1）证明σ是$F^{n\times n}$的线性变换，即首先证明σ是$F^{n\times n}$的变换，再证明σ保持加法与数乘.（2）当$\boldsymbol{C}=\boldsymbol{D}=\boldsymbol{O}$时，$\sigma(\boldsymbol{X})=\boldsymbol{AXB}$. 必要性：要证$\sigma$可逆，能找到一个线性变换$\tau$使$\sigma\tau=\tau\sigma=\varepsilon$则问题就解决了，思考条件$|\boldsymbol{AB}|\neq 0$的用途是什么？充分性：要证$|\boldsymbol{AB}|\neq 0$，首先要找出$\boldsymbol{A},\boldsymbol{B}$，它出现在$\sigma(\boldsymbol{X})=\boldsymbol{AXB}$里，可逆的条件怎么用？已有$\sigma\tau=\tau\sigma=\varepsilon$，取$\boldsymbol{X}=\boldsymbol{E}$，$\boldsymbol{E}=\varepsilon(\boldsymbol{E})$.

证明：（1）显然σ是$F^{n\times n}$到$F^{n\times n}$的映射. 对$\forall \boldsymbol{X},\boldsymbol{Y}\in F^{n\times n}, k\in F$，由于

$$\begin{aligned}\sigma(\boldsymbol{X}+\boldsymbol{Y})&=\boldsymbol{A}(\boldsymbol{X}+\boldsymbol{Y})\boldsymbol{B}+\boldsymbol{C}(\boldsymbol{X}+\boldsymbol{Y})+(\boldsymbol{X}+\boldsymbol{Y})\boldsymbol{D}\\&=\boldsymbol{AXB}+\boldsymbol{AYB}+\boldsymbol{CX}+\boldsymbol{CY}+\boldsymbol{XD}+\boldsymbol{YD}=\sigma(\boldsymbol{X})+\sigma(\boldsymbol{Y})\end{aligned}$$

$$\sigma(k\boldsymbol{X})=\boldsymbol{A}(k\boldsymbol{X})\boldsymbol{B}+\boldsymbol{C}(k\boldsymbol{X})+(k\boldsymbol{X})\boldsymbol{D}=k(\boldsymbol{AXB}+\boldsymbol{CX}+\boldsymbol{XD})=k\sigma(\boldsymbol{X}).$$

故σ是$F^{n\times n}$的线性变换.

（2）充分性. 若$|\boldsymbol{AB}|\neq 0$，则$|\boldsymbol{A}|\neq 0, |\boldsymbol{B}|\neq 0$，故$\boldsymbol{A},\boldsymbol{B}$都可逆. 令

$$\tau: F^{n\times n}\to F^{n\times n}, \boldsymbol{X}\to \boldsymbol{A}^{-1}\boldsymbol{X}\boldsymbol{B}^{-1},$$

由（1）知，τ是$F^{n\times n}$的线性变换，且对$\forall \boldsymbol{X}\in F^{n\times n}$，有

$$\sigma\tau(\boldsymbol{X})=\sigma(\boldsymbol{A}^{-1}\boldsymbol{X}\boldsymbol{B}^{-1})=\boldsymbol{A}(\boldsymbol{A}^{-1}\boldsymbol{X}\boldsymbol{B}^{-1})\boldsymbol{B}=\boldsymbol{X},\quad \tau\sigma(\boldsymbol{X})=\tau(\boldsymbol{AXB})=\boldsymbol{A}^{-1}(\boldsymbol{AXB})\boldsymbol{B}^{-1}=\boldsymbol{X}.$$

即$\sigma\tau=\tau\sigma=\varepsilon$，因此$\sigma$是可逆的线性变换.

必要性．由于σ可逆，故存在$F^{n\times n}$的线性变换τ，使$\sigma\tau=\tau\sigma=\varepsilon$.取$\boldsymbol{X}=\boldsymbol{I}_n$，则
$\boldsymbol{I}_n=\varepsilon(\boldsymbol{I}_n)=\sigma\tau(\boldsymbol{I}_n)=\boldsymbol{A}\tau(\boldsymbol{I}_n)\boldsymbol{B}$，则$|\boldsymbol{A}||\tau(\boldsymbol{I}_n)||\boldsymbol{B}|=1$，因此$|\boldsymbol{AB}|\neq 0$.

【例 2】已知三维线性空间V的基（Ⅰ）：$\boldsymbol{\alpha}_1,\boldsymbol{\alpha}_2,\boldsymbol{\alpha}_3$和基（Ⅱ）：$\boldsymbol{\beta}_1,\boldsymbol{\beta}_2,\boldsymbol{\beta}_3$，且$\boldsymbol{\beta}_1=\boldsymbol{\alpha}_1-\boldsymbol{\alpha}_3,\boldsymbol{\beta}_2=-\boldsymbol{\alpha}_2,\boldsymbol{\beta}_3=\boldsymbol{\alpha}_1+\boldsymbol{\alpha}_3$.又$V$的线性变换$\sigma$满足

$\sigma(\boldsymbol{\alpha}_1+2\boldsymbol{\alpha}_2+3\boldsymbol{\alpha}_3)=\boldsymbol{\beta}_1+\boldsymbol{\beta}_2,\sigma(2\boldsymbol{\alpha}_1+\boldsymbol{\alpha}_2+2\boldsymbol{\alpha}_3)=\boldsymbol{\beta}_2+\boldsymbol{\beta}_3,\sigma(\boldsymbol{\alpha}_1+3\boldsymbol{\alpha}_2+4\boldsymbol{\alpha}_3)=\boldsymbol{\beta}_1+\boldsymbol{\beta}_3$，求（1）线性变换$\sigma$在基（Ⅱ）下的矩阵；（2）线性变换$\sigma(\boldsymbol{\beta}_1)$在基（Ⅰ）下的坐标.

分析：（1）要线性变换σ在基（Ⅱ）下的矩阵，即要找出$\sigma(\boldsymbol{\beta}_1,\boldsymbol{\beta}_2,\boldsymbol{\beta}_3)=(\boldsymbol{\beta}_1,\boldsymbol{\beta}_2,\boldsymbol{\beta}_3)\boldsymbol{X}$.已知$(\boldsymbol{\beta}_1,\boldsymbol{\beta}_2,\boldsymbol{\beta}_3)=(\boldsymbol{\alpha}_1,\boldsymbol{\alpha}_2,\boldsymbol{\alpha}_3)\boldsymbol{P}$，$(\sigma(\boldsymbol{\alpha}_1),\sigma(\boldsymbol{\alpha}_2),\sigma(\boldsymbol{\alpha}_3))\boldsymbol{A}=(\boldsymbol{\beta}_1,\boldsymbol{\beta}_2,\boldsymbol{\beta}_3)\boldsymbol{B}$，$\boldsymbol{X}=?$

（2）已知$\boldsymbol{\beta}_1=(\boldsymbol{\alpha}_1,\boldsymbol{\alpha}_2,\boldsymbol{\alpha}_3)\boldsymbol{C}$，$\sigma(\boldsymbol{\beta}_1)$该怎么计算？

解：（1）由题设可知$(\boldsymbol{\beta}_1,\boldsymbol{\beta}_2,\boldsymbol{\beta}_3)=(\boldsymbol{\alpha}_1,\boldsymbol{\alpha}_2,\boldsymbol{\alpha}_3)\boldsymbol{P}$，$(\sigma(\boldsymbol{\alpha}_1),\sigma(\boldsymbol{\alpha}_2),\sigma(\boldsymbol{\alpha}_3))\boldsymbol{A}=(\boldsymbol{\beta}_1,\boldsymbol{\beta}_2,\boldsymbol{\beta}_3)\boldsymbol{B}$，其中

$$\boldsymbol{P}=\begin{pmatrix}1&0&1\\0&-1&0\\-1&0&1\end{pmatrix},\boldsymbol{A}=\begin{pmatrix}1&2&1\\2&1&3\\3&2&4\end{pmatrix},\boldsymbol{B}=\begin{pmatrix}1&0&1\\1&1&0\\0&1&1\end{pmatrix}.$$

由于$\boldsymbol{A}$可逆，故$\sigma(\boldsymbol{\alpha}_1,\boldsymbol{\alpha}_2,\boldsymbol{\alpha}_3)=(\boldsymbol{\beta}_1,\boldsymbol{\beta}_2,\boldsymbol{\beta}_3)\boldsymbol{BA}^{-1}$，则

$$\sigma(\boldsymbol{\beta}_1,\boldsymbol{\beta}_2,\boldsymbol{\beta}_3)=\sigma(\boldsymbol{\alpha}_1,\boldsymbol{\alpha}_2,\boldsymbol{\alpha}_3)\boldsymbol{P}=(\boldsymbol{\beta}_1,\boldsymbol{\beta}_2,\boldsymbol{\beta}_3)\boldsymbol{BA}^{-1}\boldsymbol{P},$$

因此，σ在基（Ⅱ）下的矩阵为$\boldsymbol{BA}^{-1}\boldsymbol{P}=\begin{pmatrix}-3&2&1\\-5&5&3\\6&-5&-2\end{pmatrix}$.

（2）由于$\boldsymbol{\beta}_1=(\boldsymbol{\alpha}_1,\boldsymbol{\alpha}_2,\boldsymbol{\alpha}_3)\begin{pmatrix}1\\0\\-1\end{pmatrix}$，故

$$\sigma(\boldsymbol{\beta}_1)=\sigma(\boldsymbol{\alpha}_1,\boldsymbol{\alpha}_2,\boldsymbol{\alpha}_3)\begin{pmatrix}1\\0\\-1\end{pmatrix}=(\boldsymbol{\beta}_1,\boldsymbol{\beta}_2,\boldsymbol{\beta}_3)\boldsymbol{BA}^{-1}\begin{pmatrix}1\\0\\-1\end{pmatrix}$$

$$=(\boldsymbol{\alpha}_1,\boldsymbol{\alpha}_2,\boldsymbol{\alpha}_3)\boldsymbol{PBA}^{-1}\begin{pmatrix}1\\0\\-1\end{pmatrix}=(\boldsymbol{\alpha}_1,\boldsymbol{\alpha}_2,\boldsymbol{\alpha}_3)\begin{pmatrix}3\\5\\9\end{pmatrix}.$$

【例 3】设σ是n维线性空间V的一个线性变换，W_1,W_2是V的两个子空间，且$V=W_1\oplus W_2$.证明：σ可逆$\Leftrightarrow V=\sigma(W_1)\oplus\sigma(W_2)$.

证明：因为$V=W_1\oplus W_2$，取$\boldsymbol{\alpha}_1,\cdots,\boldsymbol{\alpha}_r$为$W_1$的一组基，再取$\boldsymbol{\alpha}_{r+1},\cdots,\boldsymbol{\alpha}_n$为$W_2$的一组基，则$\boldsymbol{\alpha}_1,\cdots,\boldsymbol{\alpha}_r,\boldsymbol{\alpha}_{r+1},\cdots,\boldsymbol{\alpha}_n$为$V$的一组基．设

$$\sigma(\boldsymbol{\alpha}_1,\boldsymbol{\alpha}_2,\cdots,\boldsymbol{\alpha}_n)=(\boldsymbol{\alpha}_1,\boldsymbol{\alpha}_2,\cdots,\boldsymbol{\alpha}_n)\boldsymbol{A}.$$

必要性．已知 σ 可逆，则 $\boldsymbol{A}$ 可逆，而 $r(\sigma(\boldsymbol{\alpha}_1),\sigma(\boldsymbol{\alpha}_2),\cdots,\sigma(\boldsymbol{\alpha}_n))=r(\boldsymbol{A})=n$, 从而 $\sigma(\boldsymbol{\alpha}_1)$, $\sigma(\boldsymbol{\alpha}_2)$, $\cdots,\sigma(\boldsymbol{\alpha}_n)$ 也是 V 的一组基，于是

$$V=L(\sigma(\boldsymbol{\alpha}_1),\sigma(\boldsymbol{\alpha}_2),\cdots,\sigma(\boldsymbol{\alpha}_n))=L(\sigma(\boldsymbol{\alpha}_1),\cdots,\sigma(\boldsymbol{\alpha}_r))+L(\sigma(\boldsymbol{\alpha}_{r+1}),\cdots,\sigma(\boldsymbol{\alpha}_n)).$$

又因为 $W_1=L(\boldsymbol{\alpha}_1,\cdots,\boldsymbol{\alpha}_r),W_2=L(\boldsymbol{\alpha}_{r+1},\cdots,\boldsymbol{\alpha}_n)$, 所以 $\sigma(W_1)=L(\sigma(\alpha_1),\cdots,\sigma(\alpha_r))$,

$$\sigma(W_2)=L(\sigma(\boldsymbol{\alpha}_{r+1}),\cdots,\sigma(\boldsymbol{\alpha}_n)). \text{故 } V=\sigma(W_1)\oplus\sigma(W_2).$$

充分性．已知 $V=\sigma(W_1)\oplus\sigma(W_2)$. 由于 $W_1=L(\boldsymbol{\alpha}_1,\cdots,\boldsymbol{\alpha}_r),W_2=L(\boldsymbol{\alpha}_{r+1},\cdots,\boldsymbol{\alpha}_n)$, 从而

$$\sigma(W_1)=L(\sigma(\boldsymbol{\alpha}_1),\cdots,\sigma(\boldsymbol{\alpha}_r)),\sigma(W_2)=L(\sigma(\boldsymbol{\alpha}_{r+1}),\cdots,\sigma(\boldsymbol{\alpha}_n)).$$

但
$$\begin{aligned}V&=\sigma(W_1)\oplus\sigma(W_2)=L(\sigma(\boldsymbol{\alpha}_1),\cdots,\sigma(\boldsymbol{\alpha}_r))+L(\sigma(\boldsymbol{\alpha}_{r+1}),\cdots,\sigma(\boldsymbol{\alpha}_n))\\&=L(\sigma(\boldsymbol{\alpha}_1),\cdots,\sigma(\boldsymbol{\alpha}_n)).\end{aligned}$$

于是 $n=\dim\sigma(W_1)+\dim\sigma(W_2)=r(\sigma(\boldsymbol{\alpha}_1),\cdots,\sigma(\boldsymbol{\alpha}_n))$. 这表明 $\sigma(\boldsymbol{\alpha}_1),\cdots,\sigma(\boldsymbol{\alpha}_n)$ 线性无关，故 $r(\boldsymbol{A})=n$, 即 $\boldsymbol{A}$ 可逆，从而 σ 可逆．

二、线性变换的特征值与特征向量

（1）设 σ 是数域 P 上线性空间 V 的一个线性变换，如果对于数域 P 中一数 λ_0，存在一个非零向量 $\boldsymbol{\xi}$，使得 $\sigma\boldsymbol{\xi}=\lambda_0\boldsymbol{\xi}$．那么 λ_0 称为 σ 的一个特征值，而 $\boldsymbol{\xi}$ 叫做 σ 的属于特征值 λ_0 的一个特征向量．

（2）确定一个线性变换 σ 的特征值与特征向量的方法分成以下几步：

① 在线性空间 V 中取一组基 $\boldsymbol{\varepsilon}_1,\boldsymbol{\varepsilon}_2,\cdots,\boldsymbol{\varepsilon}_n$，写出 σ 在这组基下的矩阵 $\boldsymbol{A}$；

② 求出 $\boldsymbol{A}$ 的特征多项式 $f(\lambda)=|\lambda\boldsymbol{E}-\boldsymbol{A}|$ 在数域 P 中全部的根，它们也就是线性变换 σ 的全部特征值；

③ 把所求得的特征值逐个地代入方程组 $(\lambda\boldsymbol{E}-\boldsymbol{A})\boldsymbol{X}=\boldsymbol{O}$，对于每一个特征值 λ_0，解方程组可以求出一组基础解系，它们就是属于这个特征值的几个线性无关的特征向量在基 $\boldsymbol{\varepsilon}_1,\boldsymbol{\varepsilon}_2,\cdots,\boldsymbol{\varepsilon}_n$ 下的坐标，这样，也就求出了属于每个特征值的全部线性无关的特征向量．

【例 4】 设 λ_0 是数域 F 上 n 维线性空间 V 的线性变换 σ 的 n 重特征值，则 $\dim V_{\lambda_0}\leqslant n$.

证明： 若 $\dim V_{\lambda_0}=m$, $\boldsymbol{\alpha}_1,\boldsymbol{\alpha}_2,\cdots,\boldsymbol{\alpha}_m$ 为 V_{λ_0} 的一组基，将其扩充为 V 的一组基，

$\boldsymbol{\alpha}_1,\boldsymbol{\alpha}_2,\cdots,\boldsymbol{\alpha}_m,\boldsymbol{\alpha}_{m+1},\cdots,\boldsymbol{\alpha}_n$, 则 σ 作用于这组基有

$$\begin{cases}\sigma(\boldsymbol{\alpha}_1)=\lambda_0\boldsymbol{\alpha}_1\\ \cdots\cdots\cdots\cdots\\ \sigma(\boldsymbol{\alpha}_m)=\lambda_0\boldsymbol{\alpha}_m\\ \sigma(\boldsymbol{\alpha}_{m+1})=a_{1,m+1}\boldsymbol{\alpha}_1+a_{2,m+1}\boldsymbol{\alpha}_2+\cdots+a_{n,m+1}\boldsymbol{\alpha}_n\\ \cdots\cdots\cdots\cdots\\ \sigma(\boldsymbol{\alpha}_n)=a_{1n}\boldsymbol{\alpha}_1+a_{2n}\boldsymbol{\alpha}_2+\cdots+a_{nn}\boldsymbol{\alpha}_n\end{cases},$$

故σ在这组基下的矩阵为

$$A=\begin{pmatrix} \lambda_0 & & & a_{1,m+1} & \cdots & a_{1n} \\ & \ddots & & \vdots & & \vdots \\ & & \lambda_0 & a_{m,m+1} & \cdots & a_{mn} \\ 0 & \cdots & 0 & a_{m+1,m+1} & \cdots & a_{m+1,n} \\ \vdots & & \vdots & \vdots & & \vdots \\ 0 & \cdots & 0 & a_{n,m+1} & \cdots & a_{nn} \end{pmatrix}$$

特征多项式为$|\lambda E-A|=(\lambda-\lambda_0)^m g(\lambda)$.

因此，$\dim V_{\lambda_0}=m\leqslant n$.

【例 5】 设σ是线性空间V的线性变换，且$\sigma^2=\varepsilon$（σ称为对合变换）. 证明：

（1）σ的特征值为± 1.

（2）$V=V_1\oplus V_{-1}$，其中V_1,V_{-1}分别为特征值$1,-1$的特征子空间.

证明：（1）设λ是σ的特征值，α是σ的属于特征值λ的特征向量，则$\sigma(\alpha)=\lambda\alpha$，由于$\sigma^2=\varepsilon$，故$\alpha=\sigma^2(\alpha)=\sigma(\lambda\alpha)=\lambda^2\alpha,(\lambda^2-1)\alpha=\mathbf{0}$.

又因为$\alpha\neq\mathbf{0}$，从而$\lambda=\pm 1$.

（2）先证$V=V_1+V_{-1}$. 显然$V_1+V_{-1}\subseteq V$. 对$\forall\alpha\in V$，有$\alpha=\dfrac{\alpha+\sigma(\alpha)}{2}+\dfrac{\alpha-\sigma(\alpha)}{2}$.

令$\alpha_1=\dfrac{\alpha+\sigma(\alpha)}{2},\alpha_2=\dfrac{\alpha-\sigma(\alpha)}{2}$，则$\sigma(\alpha_1)=\alpha_1,\sigma(\alpha_2)=-\alpha_2$，于是$\alpha_1\in V_1,\alpha_2\in V_{-1}$，从而$V\subseteq V_1+V_{-1}$，故$V=V_1+V_{-1}$.

再证$V_1\cap V_{-1}=\{\mathbf{0}\}$. 对$\forall\alpha\in V_1\cap V_{-1}$，则$\sigma(\alpha)=\alpha,\sigma(\alpha)=-\alpha$，于是$\alpha=0$. 即$V_1\cap V_{-1}=\{\mathbf{0}\}$. 因此$V=V_1\oplus V_{-1}$.

【例 6】 设

$$A=\begin{pmatrix} a & -2 & 0 \\ b & 1 & -2 \\ c & -2 & 0 \end{pmatrix},B=\begin{pmatrix} 2 & 1 & 1 \\ 1 & 2 & 1 \\ 1 & 1 & 2 \end{pmatrix}.$$

（1）若A的特征值为$4,1,-2$，求a,b,c.

（2）设$\alpha=(1,k,1)^{\mathrm{T}}$是$B^{-1}$的一个特征向量，求$k$.

解：（1）$|\lambda E-A|=\lambda^3-(1+a)\lambda^2+(a+2b-4)\lambda+4(a-c)$.

因为$4,1,-2$是A的特征值，代入上式得

$$\begin{cases} 2a-2b+c=8 \\ 2a+b-2c=2 \\ a+2b+2c=-2 \end{cases},$$

由此解得$a=2,b=-2,c=0$.

（2）因为$\boldsymbol{\alpha}$是$\boldsymbol{B}^{-1}$的特征向量，故存在$\lambda_0 \neq 0$使

$\boldsymbol{B}^{-1}\boldsymbol{\alpha} = \lambda_0\boldsymbol{\alpha}$, 即$\boldsymbol{B}\boldsymbol{\alpha} = \lambda_0^{-1}\boldsymbol{\alpha}$.

亦即λ_0^{-1}是$\boldsymbol{B}$的特征值．但易知$|\lambda\boldsymbol{E} - \boldsymbol{B}| = (\lambda-1)^2(\lambda-4)$.
故$\lambda_0^{-1} = 1$或4，即$\lambda_0 = 1$或4^{-1}.

当$\lambda_0 = 1$时，得$(\boldsymbol{E} - \boldsymbol{B})\boldsymbol{\alpha} = \boldsymbol{0}$, 即$\begin{pmatrix} -1 & -1 & -1 \\ -1 & -1 & -1 \\ -1 & -1 & -1 \end{pmatrix}\begin{pmatrix} 1 \\ k \\ 1 \end{pmatrix} = \begin{pmatrix} 0 \\ 0 \\ 0 \end{pmatrix}$.

由此得$1 + k + 1 = 0$, 即$k = -2$;

当$\lambda_0 = 4^{-1}$时，得$(4\boldsymbol{E} - \boldsymbol{B})\boldsymbol{\alpha} = \boldsymbol{0}$, 解此得$k = 1$.

【例7】 设3阶实对称矩阵$\boldsymbol{A}$的秩是2,6是它的一个二重特征值，若$\boldsymbol{\alpha}_1 = (1,1,0)^{\mathrm{T}}$, $\boldsymbol{\alpha}_2 = (2,1,1)^{\mathrm{T}}, \boldsymbol{\alpha}_3 = (1,-2,3)^{\mathrm{T}}$都是属于6的特征向量．（1）求$\boldsymbol{A}$的另一个特征值，（2）求$\boldsymbol{A}$.

解：（1）因为6是$\boldsymbol{A}$的二重特征值，所以$\boldsymbol{A}$的属于6的线性无关向量有两个，由题设知$\boldsymbol{\alpha}_1 = (1,1,0)^{\mathrm{T}}$, $\boldsymbol{\alpha}_2 = (2,1,1)^{\mathrm{T}}$为$\boldsymbol{A}$的属于6的线性无关向量，又因为$\boldsymbol{A}$的秩是2，所以另一个特征值为0.

（2）设$\boldsymbol{\alpha} = (x_1, x_2, x_3)^{\mathrm{T}}$是属于0的特征向量，所以有$\boldsymbol{\alpha}_1^{\mathrm{T}}\boldsymbol{\alpha} = 0, \boldsymbol{\alpha}_2^{\mathrm{T}}\boldsymbol{\alpha} = 0$，即

$$\begin{cases} x_1 + x_2 = 0 \\ 2x_1 + x_2 + x_3 = 0 \end{cases},$$

解得基础解系为$\boldsymbol{\alpha} = (-1,1,1)^{\mathrm{T}}$.

令$\boldsymbol{P} = (\boldsymbol{\alpha}_1, \boldsymbol{\alpha}_2, \boldsymbol{\alpha}_3) = \begin{pmatrix} 1 & 2 & -1 \\ 1 & 1 & 1 \\ 0 & 1 & 1 \end{pmatrix}$, 则$\boldsymbol{P}^{-1}\boldsymbol{A}\boldsymbol{P} = \begin{pmatrix} 6 & 0 & 0 \\ 0 & 6 & 0 \\ 0 & 0 & 0 \end{pmatrix}$.

由此得

$$\boldsymbol{A} = \boldsymbol{P}\begin{pmatrix} 6 & 0 & 0 \\ 0 & 6 & 0 \\ 0 & 0 & 0 \end{pmatrix}\boldsymbol{P}^{-1} = \begin{pmatrix} 1 & 2 & -1 \\ 1 & 1 & 1 \\ 0 & 1 & 1 \end{pmatrix}\begin{pmatrix} 6 & 0 & 0 \\ 0 & 6 & 0 \\ 0 & 0 & 0 \end{pmatrix}\begin{pmatrix} 1 & 2 & -1 \\ 1 & 1 & 1 \\ 0 & 1 & 1 \end{pmatrix}^{-1} = \begin{pmatrix} 4 & 2 & 2 \\ 2 & 4 & -2 \\ 2 & -2 & 4 \end{pmatrix}.$$

三、线性变换的对角化

（1）设σ是n维线性空间V的一个线性变换，σ的矩阵可以在某一基下为对角矩阵的充要条件是σ有n个线性无关的特征向量.

（2）如果在n维线性空间V中，线性变换σ的特征多项式在数域P中有n个不同的根.

（3）在复数上的线性空间中，如果线性变换σ的特征多项式没有重根，那么σ在某

组基下的矩阵是对角形的.

（4）设 σ 全部不同的特征值是 $\lambda_1,\cdots,\lambda_r$，于是 σ 在某一组基下的矩阵成对角形的充要条件是 σ 的特征子空间 $V_{\lambda_1},\cdots,V_{\lambda_r}$ 的维数之和等于空间的维数.

【例 8】 已知 $P[t]_3$ 的线性变换

$$\sigma(a+bt+ct^2)=(4a+6b)+(-3a-5b)t+(-3a-6b+c)t^2,$$

求 $P[t]_3$ 的一组基，使 σ 在该基下的矩阵为对角矩阵.

解： 取 $P[t]_3$ 的基 $1,t,t^2$, 可求得 σ 在该基下的矩阵为 $\boldsymbol{A}=\begin{pmatrix}4&6&0\\-3&-5&0\\-3&-6&1\end{pmatrix}$,

因为 $|\lambda\boldsymbol{E}-\boldsymbol{A}|=(\lambda-1)^2(\lambda+2)$, 所以 A 的特征值为 $\lambda_1=\lambda_2=1,\lambda_3=-2$. 可求得 $\boldsymbol{A}$ 对应于特征值 $\lambda_1=\lambda_2=1$ 的特征向量为 $\boldsymbol{p}_1=(-2,1,0)^{\mathrm{T}},\boldsymbol{p}_2=(0,0,1)^{\mathrm{T}}$, 而 $\lambda_3=-2$ 的特征向量为 $\boldsymbol{p}_1=(-1,1,1)^{\mathrm{T}}$, 从而 $\boldsymbol{P}=\begin{pmatrix}-2&0&-1\\1&0&1\\0&1&1\end{pmatrix}$, 使得 $\boldsymbol{P}^{-1}\boldsymbol{AP}=\begin{pmatrix}1&0&0\\0&1&0\\0&0&-2\end{pmatrix}$.

由 $(g_1(t),g_2(t),g_3(t))=(1,t,t^2)\boldsymbol{P}$ 可求得 $P[t]_3$ 的基

$$g_1(t)=-2+t,g_2(t)=-2+t^2,g_3(t)=-1+t+t^2.$$

σ 在该基下的矩阵为对角矩阵.

【例 9】 设 $\boldsymbol{A}=\begin{pmatrix}1&4&2\\0&-3&4\\0&4&3\end{pmatrix}$, 求 $\boldsymbol{A}^k$.

解： $|\lambda\boldsymbol{E}-\boldsymbol{A}|=\begin{vmatrix}\lambda-1&-4&-2\\0&\lambda+3&-4\\0&-4&\lambda-3\end{vmatrix}=(\lambda-1)(\lambda+5)(\lambda-5).$

A 的特征值为 $1,\pm5$.

属于 1 的特征向量设为 $(x_1,x_2,x_3)^{\mathrm{T}}$, 则

$$\begin{cases}0\cdot x_1-4\cdot x_2-2\cdot x_3=0\\0\cdot x_1+4\cdot x_2-4\cdot x_3=0\\0\cdot x_1-4\cdot x_2-2\cdot x_3=0\end{cases}$$

取一个解 $(1,0,0)^{\mathrm{T}}$, 它是 A 的属于特征值 1 的特征向量.

属于 5 的特征向量设为 $(x_1,x_2,x_3)^{\mathrm{T}}$, 则

$$\begin{cases}4x_1+4x_2-2x_3=0\\8x_2-4x_3=0\\-4x_2+2x_3=0\end{cases}$$

取一个解 $(2,1,2)^{\mathrm{T}}$，它是 $\boldsymbol{A}$ 的属于特征值 5 的特征向量.

属于-5 的特征向量设为 $(x_1,x_2,x_3)^{\mathrm{T}}$，则

$$\begin{cases}-6x_1-4x_2-2x_3=0\\-2x_2-4x_3=0\\-4x_2-8x_3=0\end{cases}$$

取一个解 $(1,-2,1)^{\mathrm{T}}$，它是 $\boldsymbol{A}$ 的属于特征值-5 的特征向量.

令 $\boldsymbol{T}=\begin{pmatrix}1&2&1\\0&1&-2\\0&2&1\end{pmatrix}$，则

$$\boldsymbol{T}^{-1}\boldsymbol{A}\boldsymbol{T}=\begin{pmatrix}1&&\\&5&\\&&-5\end{pmatrix}\text{及}\ \boldsymbol{T}^{-1}\boldsymbol{A}^k\boldsymbol{T}=(\boldsymbol{T}^{-1}\boldsymbol{A}\boldsymbol{T})^k=\begin{pmatrix}1&&\\&5^k&\\&&(-5)^k\end{pmatrix}.$$

故
$$\boldsymbol{A}^k=\boldsymbol{T}(\boldsymbol{T}^{-1}\boldsymbol{A}^k\boldsymbol{T})\boldsymbol{T}^{-1}=\begin{pmatrix}1&2&1\\0&1&-2\\0&2&1\end{pmatrix}\begin{pmatrix}1&&\\&5^k&\\&&(-5)^k\end{pmatrix}\begin{pmatrix}1&2&1\\0&1&-2\\0&2&1\end{pmatrix}^{-1}$$

$$=\begin{pmatrix}1&2\cdot5^{k-1}(1+(-1)^{k+1})&5^{k-1}(4+(-1)^k)-1\\0&5^{k-1}(1+4(-1)^k)&2\cdot5^{k-1}(1+(-1)^{k+1})\\0&2\cdot5^{k-1}(1+(-1)^{k+1})&5^{k-1}(4+(-1)^k)\end{pmatrix}.$$

四、线性变换的值域与核

设 V 是数域 P 上的 n 维线性空间，σ 是 V 的线性变换，求值域 $\sigma(V)$ 与核 $\sigma^{-1}(\mathbf{0})$.

方法 1　取 V 的一组基 $\boldsymbol{\alpha}_1,\boldsymbol{\alpha}_2,\cdots,\boldsymbol{\alpha}_n$，由于 $\sigma(V)=L(\sigma(\boldsymbol{\alpha}_1),\sigma(\boldsymbol{\alpha}_2),\cdots,\sigma(\boldsymbol{\alpha}_n))$，所以只要求得基像组 $\sigma(\boldsymbol{\alpha}_1),\sigma(\boldsymbol{\alpha}_2),\cdots,\sigma(\boldsymbol{\alpha}_n)$，再求其秩与极大无关组，即得到 $\sigma(V)$ 的维数与基. 设 $\boldsymbol{\alpha}\in\sigma^{-1}(\mathbf{0})$，根据 $\sigma(\boldsymbol{\alpha})=\mathbf{0}$ 来确定 $\sigma^{-1}(\mathbf{0})$ 的维数与基.

方法 2（常用）　求 σ 在基 $\boldsymbol{\alpha}_1,\boldsymbol{\alpha}_2,\cdots,\boldsymbol{\alpha}_n$ 下的矩阵 $\boldsymbol{A}$，则 σ 的秩就等于矩阵 $\boldsymbol{A}$ 的秩，且由于 $\sigma(\boldsymbol{\alpha}_i)$ 在基 $\boldsymbol{\alpha}_1,\boldsymbol{\alpha}_2,\cdots,\boldsymbol{\alpha}_n$ 下的坐标恰为矩阵 $\boldsymbol{A}$ 的第 i 个列向量，由同构可知 $\boldsymbol{A}$ 的列向量组的极大无关组对应 $\sigma(\boldsymbol{\alpha}_1),\sigma(\boldsymbol{\alpha}_2),\cdots,\sigma(\boldsymbol{\alpha}_n)$ 的极大无关组从而可确定 $\sigma(V)$ 的维数与基. 又设 $\boldsymbol{\alpha}\in\sigma^{-1}(\mathbf{0})$ 知，$\boldsymbol{\alpha}$ 在基 $\boldsymbol{\alpha}_1,\boldsymbol{\alpha}_2,\cdots,\boldsymbol{\alpha}_n$ 下的坐标 $\boldsymbol{x}=(x_1,x_2,\cdots,x_n)'$ 恰为齐次线性方程组 $Ax=0$ 的解向量，从而 $\sigma^{-1}(\mathbf{0})$ 的维数等于 $n-r(\boldsymbol{A})$，且 $\boldsymbol{A}\boldsymbol{x}=\mathbf{0}$ 的基础解系就是 $\sigma^{-1}(\mathbf{0})$ 在基 $\boldsymbol{\alpha}_1,\boldsymbol{\alpha}_2,\cdots,\boldsymbol{\alpha}_n$ 下的坐标.

【例 10】已知 $P[t]_4$ 的线性变换

$$\sigma(a_0+a_1t+a_2t^2+a_3t^3)=(a_0-a_2)+(a_1-a_3)t+(a_2-a_0)t^2+(a_3-a_1)t^3,$$

求值域 $R(\sigma)$ 与核 $N(\sigma)$ 的基与维数.

分析：值域是基像组的生成子空间，先要有基，再要有基像，最后形成子空间,找出子空间的基及维数.

解：取 $P[t]_4$ 的基 $1,t,t^2,t^3$, 因为

$$\sigma(1)=1-t^2,\sigma(t)=t-t^3,\sigma(t^2)=-1+t^2,\sigma(t^3)=t-t^3,$$

所以 σ 在基 $1,t,t^2,t^3$ 下的矩阵为 $A=\begin{pmatrix}1&0&-1&0\\0&1&0&-1\\-1&0&1&0\\0&-1&0&1\end{pmatrix}$,

可求得 $r(A)=2$, 且 $(1,0,-1,0)^{\mathrm{T}},(0,1,0,-1)^{\mathrm{T}}$ 是 A 的列向量组的一个极大无关组，故 $\dim R(\sigma)=2$, 且 $\sigma(1)=1-t^2,\sigma(t)=t-t^3$ 是 $R(\sigma)$ 的一组基.

求解 $Ax=0$ 得基础解系 $(1,0,1,0)^{\mathrm{T}},(0,1,0,1)^{\mathrm{T}}$. 故 $\dim N(\sigma)=2$, 且 $f_1(t)=1+t^2$, $f_2(t)=t+t^3$ 为 $N(\sigma)$ 的一组基.

【例 11】 设 A 是一个 $n\times n$ 矩阵， $A^2=A$, 证明：A 相似于一个对角矩阵

$$\begin{pmatrix}1&&&&&\\&\ddots&&&&\\&&1&&&\\&&&0&&\\&&&&\ddots&\\&&&&&0\end{pmatrix}.$$

证明：取一 n 维线性空间 V 以及 V 的一组基 $\varepsilon_1,\varepsilon_2,\cdots,\varepsilon_n$. 定义线性变换 σ 如下：

$$\sigma(\varepsilon_1,\varepsilon_2,\cdots,\varepsilon_n)=(\varepsilon_1,\varepsilon_2,\cdots,\varepsilon_n)A.$$

即证明 σ 在一组适当的基下的矩阵是上述对角矩阵. 这样就证明了所要的结论.

由 $A^2=A$, 可知 $\sigma^2=\sigma$. 取 σV 的一组基 $\eta_1,\eta_2,\cdots,\eta_r$. 由 $\sigma\eta_1=\eta_1,\cdots,\sigma\eta_r=\eta_r$, 它们的原像也是 $\eta_1,\cdots,\eta_r$. 再取 $\sigma^{-1}(\mathbf{0})$ 的一组基 $\eta_{r+1},\cdots,\eta_n$. 从而 $\eta_1,\cdots,\eta_r,\eta_{r+1},\cdots,\eta_n$ 是 V 的一组基. 在这组基下，σ 的矩阵是上述对角矩阵.

【例 12】 设 σ,τ 是线性空间 V 的一个线性变换，设 $\sigma^2=\sigma,\tau^2=\tau$. 证明：

（1） σ 与 τ 有相同值域的充分必要条件是：$\sigma\tau=\tau,\tau\sigma=\sigma$;

（2） σ 与 τ 有相同的核的充分必要条件是：$\sigma\tau=\sigma,\tau\sigma=\tau$.

证明：（1）充分性. 已知 $\sigma\tau=\tau,\tau\sigma=\sigma$, 则 $\sigma V=\tau\sigma V\subset\tau V$ 及 $\tau V=\sigma\tau V\subset\sigma V$, 故 $\sigma V=\tau V$.

必要性. 已知 $\sigma V=\tau V$. 对 $\forall\alpha\in V$, 有 $\beta\in V$ 使 $\tau\beta=\sigma\alpha$. 则 $\tau\sigma\alpha=\tau\tau\beta=\tau^2\beta=\tau\beta=\sigma\alpha$. 故 $\tau\sigma=\sigma$. 同理可证 $\sigma\tau=\tau$.

（2）充分性．已知 $\sigma\tau=\sigma,\tau\sigma=\tau$. 取 $\boldsymbol{\alpha}\in V$, 使 $\sigma\boldsymbol{\alpha}=\mathbf{0}$, 则 $\tau\boldsymbol{\alpha}=\tau\sigma\boldsymbol{\alpha}=\mathbf{0}$. 若 $\boldsymbol{\alpha}\in V$, 使 $\tau\boldsymbol{\alpha}=\mathbf{0}$, 则 $\sigma\boldsymbol{\alpha}=\sigma\tau\boldsymbol{\alpha}=\mathbf{0}$. 故 $\sigma^{-1}(\mathbf{0})=\tau^{-1}(\mathbf{0})$.

必要性．已知 $\sigma^{-1}(\mathbf{0})=\tau^{-1}(\mathbf{0})$. 对 $\forall\boldsymbol{\beta}\in V$. 由 $\sigma(\boldsymbol{\beta}-\sigma\boldsymbol{\beta})=\sigma\boldsymbol{\beta}-\sigma^2\boldsymbol{\beta}=\sigma\boldsymbol{\beta}-\sigma\boldsymbol{\beta}=\mathbf{0}$, 得 $\tau(\boldsymbol{\beta}-\sigma\boldsymbol{\beta})=\tau\boldsymbol{\beta}-\tau\sigma\boldsymbol{\beta}=\mathbf{0}$, 即 $\tau\boldsymbol{\beta}=\tau\sigma\boldsymbol{\beta}$, 故 $\tau=\tau\sigma$.

同理可证 $\sigma\tau=\sigma$.

五、不变子空间

设 σ 是数域 P 上线性空间 V 的线性变换，W 是 V 的一个子空间．如果 W 中的向量在 σ 下的像仍在 W 中，换句话说,对于 W 中任一向量 $\boldsymbol{\xi}$，有 $\sigma\boldsymbol{\xi}\in W$，就称 W 是 σ 的不变子空间．

不变子空间与线性变换矩阵化简之间的关系．

设线性变换 $\boldsymbol{A}$ 的特征多项式为 $f(\lambda)$，它可分解成一次因式的乘积

$$f(\lambda)=(\lambda-\lambda_1)^{r_1}(\lambda-\lambda_2)^{r_2}\cdots(\lambda-\lambda_s)^{r_s},$$

则 V 可分解成不变子空间的直和

$$V=V_1\oplus V_2\oplus\cdots\oplus V_s,$$

其中　$V_i=\left\{\boldsymbol{\xi}\mid(A-\lambda_i\varepsilon)^{r_i}\boldsymbol{\xi}=0,\boldsymbol{\xi}\in V\right\}$.

【例 13】 设线性空间 V 的两个线性变换 σ 与 τ 是可交换的，即 $\sigma\tau=\tau\sigma$. 证明：

（1）τ 的核与值域都是 σ 的不变子空间；

（2）如果 λ_0 是 σ 的一个特征值，则 σ 的特征子空间也是 τ 的不变子空间．

证明：（1）任取 $\boldsymbol{\beta}\in\tau(V)$, 则存在 $\boldsymbol{\alpha}\in V$, 使得 $\boldsymbol{\beta}=\tau(\boldsymbol{\alpha})$, 于是

$$\sigma(\boldsymbol{\beta})=\sigma(\tau(\boldsymbol{\alpha}))=(\sigma\tau)(\boldsymbol{\alpha})=(\tau\sigma)(\boldsymbol{\alpha})=\tau(\sigma(\boldsymbol{\alpha}))\in\tau(V),$$

所以 $\tau(V)$ 是 σ 的不变子空间．

任取 $\boldsymbol{\alpha}\in\tau^{-1}(\mathbf{0})$, 则 $\tau(\boldsymbol{\alpha})=\mathbf{0}$, 于是

$$\tau(\sigma(\boldsymbol{\alpha}))=(\tau\sigma)(\boldsymbol{\alpha})=(\sigma\tau)(\boldsymbol{\alpha})=\sigma(\tau(\boldsymbol{\alpha}))=\sigma(\mathbf{0})=\mathbf{0},$$

故由 $\sigma(\boldsymbol{\alpha})\in\tau^{-1}(\mathbf{0})$ 知 $\tau^{-1}(\mathbf{0})$ 是 σ 的不变子空间．

（2）任取 $\boldsymbol{\alpha}\in V_{\lambda_0}$, 则有 $\sigma(\boldsymbol{\alpha})=\lambda_0\boldsymbol{\alpha}$, 于是

$$\sigma(\tau(\boldsymbol{\alpha}))=(\sigma\tau)(\boldsymbol{\alpha})=(\tau\sigma)(\boldsymbol{\alpha})=\tau(\sigma(\boldsymbol{\alpha}))=\tau(\lambda_0\boldsymbol{\alpha})=\lambda_0\tau(\boldsymbol{\alpha}),$$

可见 $\tau(\boldsymbol{\alpha})$ 也是 σ 对应于特征值 λ_0 的特征向量或者零向量，即 $\tau(\boldsymbol{\alpha})\in V_{\lambda_0}$, 故 V_{λ_0} 是 τ 的不变子空间．

【例 14】 设 σ 是有限维线性空间 V 的可逆线性变换，W 是 V 中 σ 的一个子空间．证明：W 在线性变换 σ^{-1} 之下也不变．

证明：取 W 的一组基 $\boldsymbol{\alpha}_1,\boldsymbol{\alpha}_2,\cdots,\boldsymbol{\alpha}_r$, 并扩充成 V 的一组基 $\boldsymbol{\alpha}_1,\cdots,\boldsymbol{\alpha}_r,\boldsymbol{\alpha}_{r+1},\cdots,\boldsymbol{\alpha}_n$, 则 σ 在这

组基下的矩阵为

$$A=\begin{pmatrix} A_1 & B \\ 0 & A_2 \end{pmatrix},$$

其中 A_1 是 r 阶方阵，A_2 是 $n-r$ 阶方阵，B 是 $r\times(n-r)$ 矩阵．由于 σ^{-1} 在这组基下的矩阵为

$$A^{-1}=\begin{pmatrix} A_1 & B \\ 0 & A_2 \end{pmatrix}^{-1}=\begin{pmatrix} A_1^{-1} & -A_1^{-1}BA_2^{-1} \\ 0 & A_2^{-1} \end{pmatrix},$$

因此 W 是 σ^{-1} 的不变子空间．

【例 15】设 V 是复数域上的 n 维线性空间，而线性变换 σ 在基 $\varepsilon_1,\varepsilon_2,\cdots,\varepsilon_n$ 下的矩阵是一若尔当块．证明：（1）V 中包含 ε_1 的 σ 的不变子空间只有 V 自身；（2）V 中任一非零的 σ 的不变子空间都包含 ε_n；（3）V 不能分解为两个非平凡的 σ 的不变子空间的直和．

证明：（1）设 $(\sigma\varepsilon_1,\sigma\varepsilon_2,\cdots,\sigma\varepsilon_n)=(\varepsilon_1,\varepsilon_2,\cdots,\varepsilon_n)\begin{pmatrix} \lambda_0 & & & \\ 1 & \lambda_0 & & \\ & 1 & \lambda_0 & \\ & & 1 & \lambda_0 \end{pmatrix}$,

即有 $(\sigma-\lambda_0\varepsilon)\varepsilon_1=\varepsilon_2,(\sigma-\lambda_0\varepsilon)\varepsilon_2=\varepsilon_3,\cdots,(\sigma-\lambda_0\varepsilon)\varepsilon_{n-1}=\varepsilon_n$.

设 W 是 σ 的不变子空间，含有 ε_1, 则含有 $(\sigma-\lambda_0\varepsilon)\varepsilon_1=\varepsilon_2,(\sigma-\lambda_0\varepsilon)\varepsilon_2=\varepsilon_3,\cdots,$ $(\sigma-\lambda_0\varepsilon)\varepsilon_{n-1}=\varepsilon_n$. 则 W 含有 V 的一组基 $\varepsilon_1,\varepsilon_2,\cdots,\varepsilon_n$, 即有 $W=V$.

（2）σ 只有一个特征值 λ_0, 设特征向量 $\sum_{i=1}^{n}x_i\varepsilon_i$. $x_1,x_2,\cdots,x_n$ 满足的方程组是

$$\begin{cases} 0\cdot x_1+0\cdot x_2+\cdots+0\cdot x_n=0 \\ 1\cdot x_1+0\cdot x_2+\cdots+0\cdot x_n=0 \\ \quad\vdots \\ 0\cdot x_1+\cdots+1\cdot x_{n-1}+0\cdot x_n=0 \end{cases},$$

基础解系是 $(0,0,\cdots,0,1)$. 全部特征向量是 $k\varepsilon_n, k\neq 0$, 取任意复数值．

故 σ 的所有特征向量都是 ε_n 的倍数．

任取 V 中的一个非零的 σ 的不变子空间 W, $\sigma|_W$ 在 W 上必有复特征值，它也是 σ 的特征值，只能为 λ_0, $\sigma|_W$ 的属于 λ_0 的特征向量也是 σ 的属于 λ_0 的特征向量，必是 ε_n 的倍数．它属于 W，则 ε_n 也属于 W.

（3）设 W_1,W_2 皆为非零的 σ 的不变子空间．由（2）$\varepsilon_n\in W_1\cap W_2$. 即 $W_1\cap W_2\neq\{0\}$. 自然地，W_1+W_2 不能是直和．

【例 16】设 σ 是有限维线性空间 V 上的线性变换，W 是 V 的子空间，σW 表示由 W 中向量的像组成的子空间．证明：$\dim\sigma W+\dim(\sigma^{-1}(0)\cap W)=\dim W$.

证明：取 $\sigma^{-1}(0)\cap W$ 的一组基 $\varepsilon_1,\varepsilon_2,\cdots,\varepsilon_s$, 把它扩充成 W 的一组基 $\varepsilon_1,\varepsilon_2,\cdots,\varepsilon_s,$ $\varepsilon_{s+1},\cdots,\varepsilon_r$. 则 $\sigma W=L(\sigma\varepsilon_1,\cdots,\sigma\varepsilon_s,\sigma\varepsilon_{s+1},\cdots,\sigma\varepsilon_r)$.

因为$\boldsymbol{\varepsilon}_1,\boldsymbol{\varepsilon}_2,\cdots,\boldsymbol{\varepsilon}_s\in\sigma^{-1}(\mathbf{0})$, $\sigma\boldsymbol{\varepsilon}_1=\cdots=\sigma\boldsymbol{\varepsilon}_s=\mathbf{0}$. 故$\sigma W=L(\sigma\boldsymbol{\varepsilon}_{s+1},\cdots,\sigma\boldsymbol{\varepsilon}_r)$. 设

$$l_{s+1}\sigma\boldsymbol{\varepsilon}_{s+1}+\cdots+l_r\sigma\boldsymbol{\varepsilon}_r=\mathbf{0},\text{则}\ \sigma(l_{s+1}\boldsymbol{\varepsilon}_{s+1}+\cdots+l_r\boldsymbol{\varepsilon}_r)=\mathbf{0}.$$

于是$l_{s+1}\boldsymbol{\varepsilon}_{s+1}+\cdots+l_r\boldsymbol{\varepsilon}_r\in\sigma^{-1}(\mathbf{0})$. 它又须是$\boldsymbol{\varepsilon}_1,\cdots,\boldsymbol{\varepsilon}_s$的线性组合，就有一组数$l_1,l_2,\cdots,l_s$使$l_{s+1}\boldsymbol{\varepsilon}_{s+1}+\cdots+l_r\boldsymbol{\varepsilon}_r=l_1\boldsymbol{\varepsilon}_1+\cdots+l_s\boldsymbol{\varepsilon}_s$, 或$l_1\boldsymbol{\varepsilon}_1+\cdots+l_s\boldsymbol{\varepsilon}_s-l_{s+1}\boldsymbol{\varepsilon}_{s+1}-\cdots-l_r\boldsymbol{\varepsilon}_r=\mathbf{0}$.

又由$\boldsymbol{\varepsilon}_1,\boldsymbol{\varepsilon}_2,\cdots,\boldsymbol{\varepsilon}_s,\boldsymbol{\varepsilon}_{s+1},\cdots,\boldsymbol{\varepsilon}_r$线性无关，故$l_1=l_2=\cdots=l_r=0$. 特别地， $l_{s+1}=\cdots=l_r=0$, 证明了$\sigma\boldsymbol{\varepsilon}_{s+1},\sigma\boldsymbol{\varepsilon}_{s+2},\cdots,\sigma\boldsymbol{\varepsilon}_r$线性无关，因而是$\sigma W$的一组基.

现在， $\dim\sigma W=r-s,\dim(\sigma^{-1}(\mathbf{0})\cap W)=s,\dim W=r$, 故得证.

第八章

欧 氏 空 间

一、欧氏空间的概念

（1）设V是实数域R上一个线性空间,在V上定义了一个二元实函数，称为内积,记作$(\boldsymbol{\alpha},\boldsymbol{\beta})$,它具有以下性质：

① $(\boldsymbol{\alpha},\boldsymbol{\beta})=(\boldsymbol{\beta},\boldsymbol{\alpha})$；② $(k\boldsymbol{\alpha},\boldsymbol{\beta})=k(\boldsymbol{\alpha},\boldsymbol{\beta})$；③ $(\boldsymbol{\alpha}+\boldsymbol{\beta},\boldsymbol{\gamma})=(\boldsymbol{\alpha},\boldsymbol{\gamma})+(\boldsymbol{\beta},\boldsymbol{\gamma})$；④ $(\boldsymbol{\alpha},\boldsymbol{\alpha})\geqslant 0$,当且仅当$\boldsymbol{\alpha}=0$时，$(\boldsymbol{\alpha},\boldsymbol{\alpha})=0$.

这样的线性空间V称为欧几里得空间.

（2）非负实数$\sqrt{(\boldsymbol{\alpha},\boldsymbol{\alpha})}$称为向量$\boldsymbol{\alpha}$的长度，记为$|\boldsymbol{\alpha}|$.

（3）柯西—布尼亚柯夫斯基不等式：即对于任意的向量$\boldsymbol{\alpha},\boldsymbol{\beta}$有$|(\boldsymbol{\alpha},\boldsymbol{\beta})|\leqslant|\boldsymbol{\alpha}||\boldsymbol{\beta}|$当且仅当$\boldsymbol{\alpha},\boldsymbol{\beta}$线性相关时，等式才成立.

非零向量$\boldsymbol{\alpha},\boldsymbol{\beta}$的夹角$\langle\boldsymbol{\alpha},\boldsymbol{\beta}\rangle$规定为$\langle\boldsymbol{\alpha},\boldsymbol{\beta}\rangle=\arccos\dfrac{(\boldsymbol{\alpha},\boldsymbol{\beta})}{|\boldsymbol{\alpha}||\boldsymbol{\beta}|},0\leqslant\langle\boldsymbol{\alpha},\boldsymbol{\beta}\rangle\leqslant\pi$.

如果向量$\boldsymbol{\alpha},\boldsymbol{\beta}$的内积为零，即$(\boldsymbol{\alpha},\boldsymbol{\beta})=0$那么$\boldsymbol{\alpha},\boldsymbol{\beta}$称为正交或互相垂直，记为$\boldsymbol{\alpha}\perp\boldsymbol{\beta}$.

（4）设$\boldsymbol{\alpha}_1,\boldsymbol{\alpha}_2,\cdots,\boldsymbol{\alpha}_n$是$n$维欧氏空间$V$中的一组基，称矩阵

$$\boldsymbol{A}=\begin{pmatrix}(\boldsymbol{\alpha}_1,\boldsymbol{\alpha}_1) & (\boldsymbol{\alpha}_1,\boldsymbol{\alpha}_2) & \cdots & (\boldsymbol{\alpha}_1,\boldsymbol{\alpha}_n)\\ (\boldsymbol{\alpha}_2,\boldsymbol{\alpha}_1) & (\boldsymbol{\alpha}_2,\boldsymbol{\alpha}_2) & \cdots & (\boldsymbol{\alpha}_2,\boldsymbol{\alpha}_n)\\ \vdots & \vdots & & \vdots\\ (\boldsymbol{\alpha}_n,\boldsymbol{\alpha}_1) & (\boldsymbol{\alpha}_n,\boldsymbol{\alpha}_2) & \cdots & (\boldsymbol{\alpha}_n,\boldsymbol{\alpha}_n)\end{pmatrix}$$

为基$\boldsymbol{\alpha}_1,\boldsymbol{\alpha}_2,\cdots,\boldsymbol{\alpha}_n$的度量矩阵.

① 在知道了一组基的度量矩阵之后，任意两个向量的内积就可以通过坐标按$(\boldsymbol{\alpha},\boldsymbol{\beta})=\boldsymbol{X}'\boldsymbol{A}\boldsymbol{Y}$来计算，因而度量矩阵完全确定了内积.

② 不同基的度量矩阵是合同的.

③ 度量矩阵是正定的.

【例 1】 设$M_n(R)$为实数域R上n阶矩阵构成的线性空间，对实n阶矩阵$\boldsymbol{A}=(a_{ij})_{n\times n}$，$\boldsymbol{B}=(b_{ij})_{n\times n}$规定$(\boldsymbol{A},\boldsymbol{B})=Tr(\boldsymbol{A}\boldsymbol{B}^{\mathrm{T}})$.证明：$M_n(R)$构成欧氏空间.

证明： $(\boldsymbol{A},\boldsymbol{B})=Tr(\boldsymbol{A}\boldsymbol{B}^{\mathrm{T}})=Tr[(\boldsymbol{A}\boldsymbol{B}^{\mathrm{T}})^{\mathrm{T}}]=Tr(\boldsymbol{B}\boldsymbol{A}^{\mathrm{T}})=(\boldsymbol{B},\boldsymbol{A})$;

$$\forall k\in R,(k\boldsymbol{A},\boldsymbol{B})=Tr(k\boldsymbol{A}\boldsymbol{B}^{\mathrm{T}})=kTr(\boldsymbol{A}\boldsymbol{B}^{\mathrm{T}})=k(\boldsymbol{A},\boldsymbol{B});$$

$$\forall \boldsymbol{C}\in M_n(R),(\boldsymbol{A}+\boldsymbol{C},\boldsymbol{B})=Tr[(\boldsymbol{A}+\boldsymbol{C})\boldsymbol{B}^{\mathrm{T}}]=Tr(\boldsymbol{A}\boldsymbol{B}^{\mathrm{T}}+\boldsymbol{C}\boldsymbol{B}^{\mathrm{T}})$$
$$=Tr(\boldsymbol{A}\boldsymbol{B}^{\mathrm{T}})+Tr(\boldsymbol{C}\boldsymbol{B}^{\mathrm{T}})=(\boldsymbol{A},\boldsymbol{B})+(\boldsymbol{C},\boldsymbol{B});$$

若 $\boldsymbol{A}\neq\boldsymbol{0}$, 则 $(\boldsymbol{A},\boldsymbol{A})=Tr(\boldsymbol{A}\boldsymbol{A}^{\mathrm{T}})=\sum\limits_{i=1}^{n}(a_{i1}^2+a_{i2}^2+\cdots+a_{in}^2)>0$.

根据欧氏空间定义，$M_n(R)$ 构成欧氏空间.

【例 2】设 $R[x]$ 为实数域 R 上一元多项式构成的线性空间，对任意多项式 $f(x)=\sum\limits_{i=0}^{m}a_ix^i$，$g(x)=\sum\limits_{j=0}^{n}b_jx^j\in R[x]$，规定 $(f(x),g(x))=\sum\limits_{i=0}^{m}\sum\limits_{j=0}^{n}\dfrac{a_ib_j}{i+j+1}$. 证明：$R[x]$ 构成欧氏空间.

证明：$(g(x),f(x))=\sum\limits_{j=0}^{n}\sum\limits_{i=0}^{m}\dfrac{b_ja_i}{j+i+1}=\sum\limits_{i=0}^{m}\sum\limits_{j=0}^{n}\dfrac{a_ib_j}{i+j+1}=(f(x),g(x))$;

$\forall k\in R,(kf(x),g(x))=\sum\limits_{i=0}^{m}\sum\limits_{j=0}^{n}\dfrac{(ka_i)b_j}{i+j+1}=k\sum\limits_{i=0}^{m}\sum\limits_{j=0}^{n}\dfrac{a_ib_j}{i+j+1}=k(f(x),g(x))$;

$$\forall h(x)\in R[x],(f(x)+h(x),g(x))=\sum_{i=0}^{m}\sum_{j=0}^{n}\frac{(a_i+c_i)b_j}{i+j+1}=\sum_{i=0}^{m}\sum_{j=0}^{n}\frac{a_ib_j+c_ib_j}{i+j+1}$$
$$=\sum_{i=0}^{m}\sum_{j=0}^{n}\frac{a_ib_j}{i+j+1}+\sum_{i=0}^{m}\sum_{j=0}^{n}\frac{c_ib_j}{i+j+1}=(f(x),g(x))+(h(x),g(x));$$

若 $f(x)\neq 0$, 则 $(f(x),f(x))=\sum\limits_{i=0}^{m}\sum\limits_{i=0}^{m}\dfrac{a_i^2}{i+j+1}>0$.

根据欧氏空间定义，$R[x]$ 构成欧氏空间.

【例 3】设 $\boldsymbol{\alpha}=(a_1,a_2,\cdots,a_n),\boldsymbol{\beta}=(b_1,b_2,\cdots,b_n)$ 是实数域 R 上线性空间 R^n 中任意两个向量，$\boldsymbol{A}=(a_{ij})$ 为 n 阶实矩阵，在 R^n 上定义实数 $(\boldsymbol{\alpha},\boldsymbol{\beta})=\boldsymbol{\alpha}\boldsymbol{A}\boldsymbol{\beta}^{\mathrm{T}}$. 证明：$R^n$ 关于以上运算成为欧氏空间的充分必要条件是 A 是正定矩阵.

证明：充分性. 设 $\boldsymbol{A}$ 是正定矩阵，则 $\boldsymbol{A}$ 是实对称矩阵，对 $\forall\boldsymbol{\alpha},\boldsymbol{\beta},\boldsymbol{\gamma}\in R^n$，有

$$(\boldsymbol{\alpha},\boldsymbol{\beta})=\boldsymbol{\alpha}\boldsymbol{A}\boldsymbol{\beta}^{\mathrm{T}}=(\boldsymbol{\alpha}\boldsymbol{A}\boldsymbol{\beta}^{\mathrm{T}})^{\mathrm{T}}=\boldsymbol{\beta}\boldsymbol{A}^{\mathrm{T}}\boldsymbol{\alpha}^{\mathrm{T}}=\boldsymbol{\beta}\boldsymbol{A}\boldsymbol{\alpha}^{\mathrm{T}}=(\boldsymbol{\beta},\boldsymbol{\alpha}).$$

$$(k\boldsymbol{\alpha},\boldsymbol{\beta})=(k\boldsymbol{\alpha})\boldsymbol{A}\boldsymbol{\beta}^{\mathrm{T}}=k(\boldsymbol{\alpha}\boldsymbol{A}\boldsymbol{\beta}^{\mathrm{T}})=k(\boldsymbol{\alpha},\boldsymbol{\beta}).$$

$$(\boldsymbol{\alpha}+\boldsymbol{\beta},\boldsymbol{\gamma})=(\boldsymbol{\alpha}+\boldsymbol{\beta})\boldsymbol{A}\boldsymbol{\gamma}^{\mathrm{T}}=\boldsymbol{\alpha}\boldsymbol{A}\boldsymbol{\gamma}+\boldsymbol{\beta}\boldsymbol{A}\boldsymbol{\gamma}^{\mathrm{T}}=(\boldsymbol{\alpha},\boldsymbol{\gamma})+(\boldsymbol{\beta},\boldsymbol{\gamma}).$$

当 $\boldsymbol{\alpha}=\boldsymbol{0}$ 时，$(\boldsymbol{\alpha},\boldsymbol{\alpha})=0$；当 $\boldsymbol{\alpha}\neq\boldsymbol{0}$ 时，由于 $\boldsymbol{A}$ 是正定矩阵，$(\boldsymbol{\alpha},\boldsymbol{\alpha})=\boldsymbol{\alpha}\boldsymbol{A}\boldsymbol{\alpha}^{\mathrm{T}}>0$.

因此，R^n 关于以上运算成为欧氏空间.

必要性 取 $\boldsymbol{\alpha}_i=(0,\cdots,\overset{i}{1},\cdots,0),\boldsymbol{\alpha}_j=(0,\cdots,\overset{j}{1},\cdots,0)$. 则

$$(\boldsymbol{\alpha}_i,\boldsymbol{\alpha}_j)=\boldsymbol{\alpha}_i\boldsymbol{A}\boldsymbol{\alpha}_j^{\mathrm{T}}=\alpha_{ij},(\boldsymbol{\alpha}_j,\boldsymbol{\alpha}_i)=\boldsymbol{\alpha}_j\boldsymbol{A}\boldsymbol{\alpha}_i^{\mathrm{T}}=\alpha_{ji}.\text{由于}(\boldsymbol{\alpha}_i,\boldsymbol{\alpha}_j)=(\boldsymbol{\alpha}_j,\boldsymbol{\alpha}_i),$$

故 $a_{ij}=a_{ji},i,j=1,2,\cdots,n$. 即 $\boldsymbol{A}=(a_{ij})$ 为实对称矩阵.

又因为对 $\forall\boldsymbol{\alpha}\in R^n,\boldsymbol{\alpha}\neq\boldsymbol{0},(\boldsymbol{\alpha},\boldsymbol{\alpha})=\boldsymbol{\alpha}\boldsymbol{A}\boldsymbol{\alpha}^{\mathrm{T}}>0$, 所以 $\boldsymbol{A}$ 是正定矩阵.

【例 4】 设 $\alpha_1,\alpha_2,\cdots,\alpha_m$ 是 n 维欧氏空间 V 中的一组向量，矩阵

$$\boldsymbol{A}=\begin{pmatrix}(\boldsymbol{\alpha}_1,\boldsymbol{\alpha}_1) & (\boldsymbol{\alpha}_1,\boldsymbol{\alpha}_2) & \cdots & (\boldsymbol{\alpha}_1,\boldsymbol{\alpha}_m)\\ (\boldsymbol{\alpha}_2,\boldsymbol{\alpha}_1) & (\boldsymbol{\alpha}_2,\boldsymbol{\alpha}_2) & \cdots & (\boldsymbol{\alpha}_2,\boldsymbol{\alpha}_m)\\ \vdots & \vdots & & \vdots\\ (\boldsymbol{\alpha}_m,\boldsymbol{\alpha}_1) & (\boldsymbol{\alpha}_m,\boldsymbol{\alpha}_2) & \cdots & (\boldsymbol{\alpha}_m,\boldsymbol{\alpha}_m)\end{pmatrix}.$$

称 $\boldsymbol{A}$ 是向量组 $\boldsymbol{\alpha}_1,\boldsymbol{\alpha}_2,\cdots,\boldsymbol{\alpha}_m$ 的 Gram 矩阵，记作 $G(\boldsymbol{\alpha}_1,\boldsymbol{\alpha}_2,\cdots,\boldsymbol{\alpha}_m)$，称 $|G(\boldsymbol{\alpha}_1,\boldsymbol{\alpha}_2,\cdots,\boldsymbol{\alpha}_m)|$ 是这个向量组的 Gram 行列式. 证明：

（1）$\boldsymbol{\alpha}_1,\boldsymbol{\alpha}_2,\cdots,\boldsymbol{\alpha}_m$ 线性相关 $\Leftrightarrow|G(\boldsymbol{\alpha}_1,\boldsymbol{\alpha}_2,\cdots,\boldsymbol{\alpha}_m)|=0$；

（2）若 $\boldsymbol{\alpha}_1,\boldsymbol{\alpha}_2,\cdots,\boldsymbol{\alpha}_m$ 线性无关，则 $|G(\boldsymbol{\alpha}_1,\boldsymbol{\alpha}_2,\cdots,\boldsymbol{\alpha}_m)|>0$；

（3）若 $\boldsymbol{\alpha}_1,\boldsymbol{\alpha}_2,\cdots,\boldsymbol{\alpha}_m$ 线性无关，且经过 Schimidt 正交化变成正交向量组 $\boldsymbol{\beta}_1,\boldsymbol{\beta}_2,\cdots,\boldsymbol{\beta}_m$, 则 $|G(\boldsymbol{\alpha}_1,\boldsymbol{\alpha}_2,\cdots,\boldsymbol{\alpha}_m)|=|G(\boldsymbol{\beta}_1,\boldsymbol{\beta}_2,\cdots,\boldsymbol{\beta}_m)|=(\boldsymbol{\beta}_1,\boldsymbol{\beta}_1)(\boldsymbol{\beta}_2,\boldsymbol{\beta}_2),\cdots,(\boldsymbol{\beta}_m,\boldsymbol{\beta}_m)$.

证明：（1）设 $k_1\boldsymbol{\alpha}_1+k_2\boldsymbol{\alpha}_2+\cdots+k_m\boldsymbol{\alpha}_m=\boldsymbol{0}$, 分别用 $\boldsymbol{\alpha}_1,\boldsymbol{\alpha}_2,\cdots,\boldsymbol{\alpha}_m$ 与上式两端作内积，可得

$$\begin{cases}k_1(\boldsymbol{\alpha}_1,\boldsymbol{\alpha}_1)+k_2(\boldsymbol{\alpha}_1,\boldsymbol{\alpha}_2)+\cdots+k_m(\boldsymbol{\alpha}_1,\boldsymbol{\alpha}_m)=0\\ k_1(\boldsymbol{\alpha}_2,\boldsymbol{\alpha}_1)+k_2(\boldsymbol{\alpha}_2,\boldsymbol{\alpha}_2)+\cdots+k_m(\boldsymbol{\alpha}_2,\boldsymbol{\alpha}_m)=0\\ \qquad\vdots\\ k_1(\boldsymbol{\alpha}_m,\boldsymbol{\alpha}_1)+k_2(\boldsymbol{\alpha}_m,\boldsymbol{\alpha}_2)+\cdots+k_m(\boldsymbol{\alpha}_m,\boldsymbol{\alpha}_m)=0\end{cases},$$

这表示以 $G(\boldsymbol{\alpha}_1,\boldsymbol{\alpha}_2,\cdots,\boldsymbol{\alpha}_m)$ 为系数矩阵，以 $k_1,k_2,\cdots,k_m$ 为未知量的齐次线性方程组，则 $\boldsymbol{\alpha}_1,\boldsymbol{\alpha}_2,\cdots,\boldsymbol{\alpha}_m$ 线性相关 $\Leftrightarrow$ 该齐次线性方程组有非零解 $\Leftrightarrow$ $G(\boldsymbol{\alpha}_1,\boldsymbol{\alpha}_2,\cdots,\boldsymbol{\alpha}_m)$ 的秩小于 $m\Leftrightarrow|G(\boldsymbol{\alpha}_1,\boldsymbol{\alpha}_2,\cdots,\boldsymbol{\alpha}_m)|=0$.

（2）令 $V_1=L(\boldsymbol{\alpha}_1,\boldsymbol{\alpha}_2,\cdots,\boldsymbol{\alpha}_m)$, 由于 $\boldsymbol{\alpha}_1,\boldsymbol{\alpha}_2,\cdots,\boldsymbol{\alpha}_m$ 线性无关，故 $\boldsymbol{\alpha}_1,\boldsymbol{\alpha}_2,\cdots,\boldsymbol{\alpha}_m$ 是 V_1 的一组基，它的度量矩阵正好是 $\boldsymbol{A}$, 于是 $\boldsymbol{A}$ 为正定矩阵，从而 $|G(\boldsymbol{\alpha}_1,\boldsymbol{\alpha}_2,\cdots,\boldsymbol{\alpha}_m)|>0$.

（3）在 V 中任取一组标准正交基令 $V_1=L(\boldsymbol{\alpha}_1,\boldsymbol{\alpha}_2,\cdots,\boldsymbol{\alpha}_m)$,

$$(\boldsymbol{\alpha}_1,\boldsymbol{\alpha}_2,\cdots,\boldsymbol{\alpha}_m)=(\gamma_1,\gamma_2,\cdots,\gamma_n)\boldsymbol{P}.$$

其中 $\boldsymbol{P}=(\boldsymbol{X}_1,\boldsymbol{X}_2,\cdots,\boldsymbol{X}_m)$ 是 $n\times m$ 矩阵，$\boldsymbol{\alpha}_1,\boldsymbol{\alpha}_2,\cdots,\boldsymbol{\alpha}_m$ 经过 Schimidt 正交化过程可得 $(\boldsymbol{\beta}_1,\boldsymbol{\beta}_2,\cdots,\boldsymbol{\beta}_m)=(\boldsymbol{\alpha}_1,\boldsymbol{\alpha}_2,\cdots,\boldsymbol{\alpha}_m)\boldsymbol{A}$, 其中 $\boldsymbol{A}$ 是 m 阶上三角阵，它的主对角元素全为 1，因此 $|\boldsymbol{A}|=1$, 且 $(\boldsymbol{\beta}_1,\boldsymbol{\beta}_2,\cdots,\boldsymbol{\beta}_m)=(\gamma_1,\gamma_2,\cdots,\gamma_n)(\boldsymbol{P}\boldsymbol{A})$, 这表明 $\boldsymbol{P}\boldsymbol{A}$ 的列向量分别是 $\boldsymbol{\beta}_1,\boldsymbol{\beta}_2,\cdots,\boldsymbol{\beta}_m$ 在基 $\gamma_1,\gamma_2,\cdots,\gamma_n$ 下的坐标 $\boldsymbol{Y}_1,\boldsymbol{Y}_2,\cdots,\boldsymbol{Y}_m$, 则

$$|G(\boldsymbol{\beta}_1,\boldsymbol{\beta}_2,\cdots,\boldsymbol{\beta}_m)|=\begin{vmatrix}\boldsymbol{Y}_1'\boldsymbol{Y}_1 & \boldsymbol{Y}_1'\boldsymbol{Y}_2 & \cdots & \boldsymbol{Y}_1'\boldsymbol{Y}_m\\ \boldsymbol{Y}_2'\boldsymbol{Y}_1 & \boldsymbol{Y}_2'\boldsymbol{Y}_2 & \cdots & \boldsymbol{Y}_2'\boldsymbol{Y}_m\\ \vdots & \vdots & & \vdots\\ \boldsymbol{Y}_{\mathrm{m}}'\boldsymbol{Y}_1 & \boldsymbol{Y}_{\mathrm{m}}'\boldsymbol{Y}_2 & \cdots & \boldsymbol{Y}_{\mathrm{m}}'\boldsymbol{Y}_m\end{vmatrix}=\left|\begin{pmatrix}\boldsymbol{Y}_1'\\ \boldsymbol{Y}_1'\\ \vdots\\ \boldsymbol{Y}_1'\end{pmatrix}\begin{pmatrix}\boldsymbol{Y}_1 & \boldsymbol{Y}_2 & \cdots & \boldsymbol{Y}_m\end{pmatrix}\right|$$

$$=\left|(PA)'(PA)\right|=\left|A'P'PA\right|=\left|A\right|^2\left|\begin{pmatrix}X_1'\\X_2'\\\vdots\\X_m'\end{pmatrix}\begin{pmatrix}X_1 & X_2 & \cdots & X_m\end{pmatrix}\right|$$

$$=\left|G(\alpha_1,\alpha_2,\cdots,\alpha_m)\right|.$$

又因为 $\beta_1,\beta_2,\cdots,\beta_m$ 是正交向量组，所以

$$\left|G(\beta_1,\beta_2,\cdots,\beta_m)\right|=\begin{vmatrix}(\beta_1,\beta_1) & 0 & \cdots & 0\\ 0 & (\beta_2,\beta_2) & \cdots & 0\\ \vdots & \vdots & & \vdots\\ 0 & 0 & \cdots & (\beta_m,\beta_m)\end{vmatrix}=(\beta_1,\beta_1)(\beta_2,\beta_2),\cdots,(\beta_m,\beta_m).$$

二、标准正交基

（1）在 n 维欧氏空间中，由 n 个向量组成的正交向量组称为正交基；由单位向量组成的正交基称为标准正交基组.

（2）对于 n 维欧氏空间中任意一组基 $\varepsilon_1,\varepsilon_2,\cdots,\varepsilon_n$，都可以 Schimidt 正交化过程化为正交基 $\eta_1,\eta_2,\cdots,\eta_n$.

$$\eta_{m+1}=\varepsilon_{m+1}-\frac{(\varepsilon_{m+1},\eta_1)}{(\eta_1,\eta_1)}\eta_1-\cdots-\frac{(\varepsilon_{m+1},\eta_m)}{(\eta_m,\eta_m)}\eta_m\ ,m=1,2,\cdots,n-1.$$

（3）标准正交基的有关结论：

① 一组基为标准正交基的充要条件是它的度量矩阵为单位矩阵；

② 在标准正交基下，向量的坐标可以通过内积简单地表示出来，即

$$\alpha=(\varepsilon_1,\alpha)\varepsilon_1+(\varepsilon_2,\alpha)\varepsilon_2+\cdots+(\varepsilon_n,\alpha)\varepsilon_n;$$

③ 在标准正交基下，内积有特别简单的表达式，设

$$\alpha=x_1\varepsilon_1+x_2\varepsilon_2+\cdots+x_n\varepsilon_n,\ \beta=y_1\varepsilon_1+y_2\varepsilon_2+\cdots+y_n\varepsilon_n.$$

那么 $(\alpha,\beta)=x_1y_1+x_2y_2+\cdots+x_ny_n=X'Y$.

④ 由标准正交基到标准正交基的过渡矩阵是正交矩阵；反过来，如果第一组基是标准正交基，同时过渡矩阵是正交矩阵，那么第二组基一定也是标准正交基.

【例 5】 设 $\alpha_1,\alpha_2,\cdots,\alpha_n$ 是欧氏空间 V 的一组基,证明：

（1）如果 $\gamma\in V$,使 $(\gamma,\alpha_i)=0,i=1,2,\cdots,n$ 那么 $\gamma=0$；

（2）如果 $\gamma_1,\gamma_2\in V$ 对任一 $\alpha\in V$ 有 $(\gamma_1,\alpha)=(\gamma_2,\alpha)$, 那么 $\gamma_1=\gamma_2$.

证明：（1）因为 $\alpha_1,\alpha_2,\cdots,\alpha_n$ 是欧氏空间 V 的一组基，所以 γ 可表示为 $\alpha_1,\alpha_2,\cdots,\alpha_n$ 的线性组合，即 $\gamma=k_1\alpha_1+k_2\alpha_2+\cdots+k_n\alpha_n$. 由 $(\gamma,\alpha_i)=0$ 知

$$(\gamma,\gamma)=(\gamma,k_1\alpha_1+k_2\alpha_2+\cdots+k_n\alpha_n)=k_1(\gamma,\alpha_1)+\cdots+k_n(\gamma,\alpha_n)=0,$$

故 $\boldsymbol{\gamma}=\mathbf{0}$.

（2）特别对基 $\boldsymbol{\alpha}_1,\boldsymbol{\alpha}_2,\cdots,\boldsymbol{\alpha}_n$ 有 $(\boldsymbol{\gamma}_1,\boldsymbol{\alpha}_i)=(\boldsymbol{\gamma}_2,\boldsymbol{\alpha}_i),(i=1,2,\cdots,n)$, 即

$$(\boldsymbol{\gamma}_1-\boldsymbol{\gamma}_2,\boldsymbol{\alpha}_i)=0,(i=1,2,\cdots,n),$$

由（1）知 $\boldsymbol{\gamma}_1-\boldsymbol{\gamma}_2=\mathbf{0}$, 即 $\boldsymbol{\gamma}_1=\boldsymbol{\gamma}_2$.

【例 6】 给定两个四维向量 $\boldsymbol{\alpha}_1=\left(\frac{1}{3},-\frac{2}{3},0,\frac{2}{3}\right)^{\mathrm{T}},\boldsymbol{\alpha}_2=\left(-\frac{2}{\sqrt{6}},0,\frac{1}{\sqrt{6}},\frac{1}{\sqrt{6}}\right)^{\mathrm{T}}$, 作一个四阶正交矩阵 $\boldsymbol{Q}$, 以 $\boldsymbol{\alpha}_1,\boldsymbol{\alpha}_2$ 作为它的前两个列向量.

解：由正交矩阵的定义，所求正交矩阵 $\boldsymbol{Q}$ 的后两个列是线性方程组

$\begin{cases}x_1-2x_2+2x_4=0\\-2x_1+x_3+x_4=0\end{cases}$ 解空间的一个标准正交基.

解方程组得一个基础解系：$\boldsymbol{\beta}_1=(2,1,4,0)^{\mathrm{T}},\boldsymbol{\beta}_2=(2,5,0,4)^{\mathrm{T}}$,

正交单位化得解空间的标准正交基：$\boldsymbol{\eta}_1=\frac{1}{\sqrt{21}}(2,1,4,0)^{\mathrm{T}},\boldsymbol{\eta}_2=\frac{1}{3\sqrt{14}}(2,5,0,4)^{\mathrm{T}}$.

因而，取 $\boldsymbol{Q}=(\boldsymbol{\alpha}_1,\boldsymbol{\alpha}_2,\boldsymbol{\eta}_1,\boldsymbol{\eta}_2)$.

三、正交变换

（1）欧氏空间 V 的线性变换 σ 叫作一个正交变换,如果它保持向量的内积不变，即对任意的 $\boldsymbol{\alpha},\boldsymbol{\beta}\in V$, 都有 $(\sigma\boldsymbol{\alpha},\sigma\boldsymbol{\beta})=(\boldsymbol{\alpha},\boldsymbol{\beta})$.

（2）设 σ 是维欧氏空间的一个线性变换，于是下面四个命题是相互等价的：

① σ 是正交变换；

② σ 保持向量的长度不变，即对于 $\boldsymbol{\alpha}\in V$, $|\sigma\boldsymbol{\alpha}|=|\boldsymbol{\alpha}|$;

③ 如果 $\boldsymbol{\varepsilon}_1,\boldsymbol{\varepsilon}_2,\cdots,\boldsymbol{\varepsilon}_n$ 是标准正交基，那么 $\sigma\boldsymbol{\varepsilon}_1,\sigma\boldsymbol{\varepsilon}_2,\cdots,\sigma\boldsymbol{\varepsilon}_n$ 也是标准正交基；

④ σ 在任一组标准正交基下的矩阵是正交矩阵.

【例 7】 设 $\boldsymbol{\alpha}$ 为 n 非零列向量，证明：$\boldsymbol{H}=\boldsymbol{E}-\frac{2}{\boldsymbol{\alpha}^{\mathrm{T}}\boldsymbol{\alpha}}\boldsymbol{\alpha}\boldsymbol{\alpha}^{\mathrm{T}}$ 为正交矩阵.

证明：由于 $\boldsymbol{H}^{\mathrm{T}}\boldsymbol{H}=\boldsymbol{E}-\frac{4}{\boldsymbol{\alpha}^{\mathrm{T}}\boldsymbol{\alpha}}\boldsymbol{\alpha}\boldsymbol{\alpha}^{\mathrm{T}}+\frac{4}{(\boldsymbol{\alpha}^{\mathrm{T}}\boldsymbol{\alpha})^2}\boldsymbol{\alpha}\boldsymbol{\alpha}^{\mathrm{T}}\boldsymbol{\alpha}\boldsymbol{\alpha}^{\mathrm{T}}$

$$=\boldsymbol{E}-\frac{4}{\boldsymbol{\alpha}^{\mathrm{T}}\boldsymbol{\alpha}}\boldsymbol{\alpha}\boldsymbol{\alpha}^{\mathrm{T}}+\frac{4\boldsymbol{\alpha}^{\mathrm{T}}\boldsymbol{\alpha}}{(\boldsymbol{\alpha}^{\mathrm{T}}\boldsymbol{\alpha})^2}\boldsymbol{\alpha}\boldsymbol{\alpha}^{\mathrm{T}}=\boldsymbol{E},$$

故结论成立.

【例 8】 设 $\boldsymbol{A}$ 为 n 阶实方阵，$\boldsymbol{A}^{\mathrm{T}}\boldsymbol{A}=\boldsymbol{E},|\boldsymbol{A}|=-1$, 求证：$|\boldsymbol{A}+\boldsymbol{E}|=0$.

证明：$|\boldsymbol{A}+\boldsymbol{E}|=|\boldsymbol{A}+\boldsymbol{A}^{\mathrm{T}}\boldsymbol{A}|=|\boldsymbol{E}+\boldsymbol{A}^{\mathrm{T}}||\boldsymbol{A}|=-|(\boldsymbol{E}+\boldsymbol{A})^{\mathrm{T}}|=-|\boldsymbol{A}+\boldsymbol{E}|$, 故 $|\boldsymbol{A}+\boldsymbol{E}|=0$.

【例 9】 证明：不存在正交阵 $\boldsymbol{A},\boldsymbol{B}$ 使 $\boldsymbol{A}^2=\boldsymbol{A}\boldsymbol{B}+\boldsymbol{B}^2$.

证明：设有正交阵 $\boldsymbol{A},\boldsymbol{B}$ 使 $\boldsymbol{A}^2=\boldsymbol{A}\boldsymbol{B}+\boldsymbol{B}^2$。则 $\boldsymbol{A}^{\mathrm{T}}=\boldsymbol{A}^{-1},\boldsymbol{B}^{\mathrm{T}}=\boldsymbol{B}^{-1}$ 以及 $\boldsymbol{A}^{\mathrm{T}}\boldsymbol{B}^2,\boldsymbol{A}^2\boldsymbol{B}^{\mathrm{T}}$ 都是

正交矩阵，且 $A^{\mathrm{T}}B^2=A-B,A^2B^{\mathrm{T}}=A+B$. 从而由 $AA^{\mathrm{T}}=BB^{\mathrm{T}}=E$ 知

$$E=(A-B)(A-B)^{\mathrm{T}}=2E-BA^{\mathrm{T}}-AB^{\mathrm{T}},$$

$$E=(A+B)(A+B)^{\mathrm{T}}=2E+BA^{\mathrm{T}}+AB^{\mathrm{T}}.$$

由以上两式得 $2E=4E$, 矛盾，得证.

【例 10】 设 A 为 n 阶实正交阵，$\alpha_1,\alpha_2,\cdots,\alpha_n$ 为 n 维列向量，且线性无关，若 $(A+E)\alpha_1,(A+E)\alpha_2,\cdots,(A+E)\alpha_n$ 线性无关，则 $|A|=1$.

证明：由 $\left((A+E)\alpha_1,(A+E)\alpha_2,\cdots,(A+E)\alpha_n\right)=(A+E)(\alpha_1,\alpha_2,\cdots,\alpha_n)$,

且 $(\alpha_1,\alpha_2,\cdots,\alpha_n)$ 与 $\left((A+E)\alpha_1,(A+E)\alpha_2,\cdots,(A+E)\alpha_n\right)$ 均为可逆矩阵，故 $|A+E|\neq 0$.

又 A 为正交阵，所以 $|A|=\pm 1$. 若 $|A|=-1$, 则

$|A+E|=|A+AA^{\mathrm{T}}|=|A||E+A|=-|E+A|$. 从而 $|A+E|=0$. 矛盾. 所以 $|A|=1$.

【例 11】 设 U 是一个正交矩阵. 证明：

（1）U 的行列式等于 1 或−1；

（2）U 的特征根的模等于 1；

（3）如果 λ 是 U 的一个特征根，那么 $\dfrac{1}{\lambda}$ 也是 U 的一个特征根；

（4）U 的伴随矩阵 U^* 也是正交矩阵.

证明：（1）给等式 $UU'=I$ 两边取行列式得证.

（2）因为 $UX=\lambda X,|UX|=|X|$, 所以 $|\lambda X|=|X|$，所以，$|\lambda|=1$.

（3）因为 $UX=\lambda X$，$U^{-1}X=\lambda^{-1}X$，$U'X=\lambda^{-1}X$，又 U 和 U' 有相同的特征根，得证.

（4）因为 $U'=U^{-1}=\dfrac{U^*}{|U|}=\pm U^*$，所以 $U^*U^{*\prime}=U'U=I$，故 $\beta\in V$ 是正交矩阵.

【例 12】 设 η 是欧氏空间 V 中的一个单位向量，定义 $\sigma(\alpha)=\alpha-2(\eta,\alpha)\eta$,证明：

（1）σ 是正交变换，这样的正交变换称为镜面反射；

（2）σ 是第二类的；

（3）如果 n 维欧氏空间中，正交变换 σ 以 1 作为一个特征值，且属于特征值 1 的特征子空间 V_1 的维数为 $n-1$，那么 σ 是镜面反射.

证明：（1）对 $\forall\alpha,\beta\in V,k\in R$, 由于

$$\sigma(\alpha+\beta)=(\alpha+\beta)-2(\alpha+\beta,\eta)\eta=\alpha-2(\alpha,\eta)\eta+\beta-2(\beta,\eta)\eta=\sigma(\alpha)+\sigma(\beta)$$

$$\sigma(k\alpha)=k\alpha-2(k\alpha,\eta)\eta=k(\alpha-2(\alpha,\eta)\eta)=k\sigma(\alpha),$$

故 σ 是 V 的线性变换. 又因为

$$(\sigma(\alpha),\sigma(\beta))=(\alpha-2(\alpha,\eta)\eta,\beta-2(\beta,\eta)\eta)$$

$$=(\alpha,\beta)-2(\alpha,\eta)(\beta,\eta)-2(\alpha,\eta)(\beta,\eta)+4(\alpha,\eta)(\beta,\eta)=(\alpha,\beta).$$

σ是正交变换.

（2）由于$\boldsymbol{\eta}$是单位向量，将它扩充为V的一组标准正交基，$\boldsymbol{\eta},\boldsymbol{\varepsilon}_2,\cdots,\boldsymbol{\varepsilon}_n$，并记$\sigma$在标准正交基$\boldsymbol{\eta},\boldsymbol{\alpha}_2,\cdots,\boldsymbol{\alpha}_n$下的矩阵为$\boldsymbol{A}$. 由于

$$\sigma(\boldsymbol{\eta})=\boldsymbol{\eta}-2(\boldsymbol{\eta},\boldsymbol{\eta})\boldsymbol{\eta}=-\boldsymbol{\eta},\ \sigma(\boldsymbol{\varepsilon}_i)=\boldsymbol{\varepsilon}_i-2(\boldsymbol{\varepsilon}_i,\boldsymbol{\eta})\boldsymbol{\eta}=\boldsymbol{\varepsilon}_i,i=2,3,\cdots,n.$$

故$\sigma(\boldsymbol{\eta},\boldsymbol{\varepsilon}_2,\cdots,\boldsymbol{\varepsilon}_n)=(\boldsymbol{\eta},\boldsymbol{\varepsilon}_2,\cdots,\boldsymbol{\varepsilon}_n)\boldsymbol{A}$,其中$\boldsymbol{A}=\begin{pmatrix}-1 & \mathbf{0}\\ \mathbf{0} & \boldsymbol{I}_{n-1}\end{pmatrix}$.

因为$|\boldsymbol{A}|=-1$,所以σ是第二类的正交变换.

（3）设$\boldsymbol{\varepsilon}_1,\boldsymbol{\varepsilon}_2,\cdots,\boldsymbol{\varepsilon}_{n-1}$是特征子空间$V_1$的一组标准正交基，则

$$\sigma(\boldsymbol{\varepsilon}_i)=\boldsymbol{\varepsilon}_i,i=1,2,\cdots,n-1.$$

将$\boldsymbol{\varepsilon}_1,\boldsymbol{\varepsilon}_2,\cdots,\boldsymbol{\varepsilon}_{n-1}$扩充成$V$的一组标准正交基$\boldsymbol{\varepsilon}_1,\boldsymbol{\varepsilon}_2,\cdots,\boldsymbol{\varepsilon}_n$,并设

$\sigma(\boldsymbol{\varepsilon}_n)=k_1\boldsymbol{\varepsilon}_1+\cdots+k_{n-1}\boldsymbol{\varepsilon}_{n-1}+k_n\boldsymbol{\varepsilon}_n$,于是

$$\sigma(\boldsymbol{\varepsilon}_1,\boldsymbol{\varepsilon}_2,\cdots,\boldsymbol{\varepsilon}_n)=(\boldsymbol{\varepsilon}_1,\boldsymbol{\varepsilon}_2,\cdots,\boldsymbol{\varepsilon}_n)\boldsymbol{A},\text{其中}\ \boldsymbol{A}=\begin{pmatrix}1 & \cdots & 0 & k_1\\ \vdots & & \vdots & \vdots\\ 0 & \cdots & 1 & k_2\\ 0 & \cdots & 0 & k_n\end{pmatrix}.$$

由于σ是正交变换，$\boldsymbol{\varepsilon}_1,\boldsymbol{\varepsilon}_2,\cdots,\boldsymbol{\varepsilon}_n$是标准正交基，故$\boldsymbol{A}$是正交矩阵. 因此

$$k_1=k_2=\cdots=k_{n-1}=0,k_n^2=1.$$

若$k_n=1$, $\sigma(\boldsymbol{\varepsilon}_n)=\boldsymbol{\varepsilon}_n$, $\boldsymbol{\varepsilon}_n\in V_1$, 这与$V_1$的维数为$n-1$矛盾，故$k_n=-1$. 对$\forall\boldsymbol{\alpha}\in V$, 设$\boldsymbol{\alpha}=a_1\boldsymbol{\varepsilon}_1+\cdots+a_{n-1}\boldsymbol{\varepsilon}_{n-1}+a_n\boldsymbol{\varepsilon}_n$, 则

$\sigma(\boldsymbol{\alpha})=a_1\boldsymbol{\varepsilon}_1+\cdots+a_{n-1}\boldsymbol{\varepsilon}_{n-1}-a_n\boldsymbol{\varepsilon}_n=(a_1\boldsymbol{\varepsilon}_1+\cdots+a_{n-1}\boldsymbol{\varepsilon}_{n-1}+a_n\boldsymbol{\varepsilon}_n)-2a_n\boldsymbol{\varepsilon}_n=\boldsymbol{\alpha}-(\boldsymbol{\alpha},\boldsymbol{\varepsilon}_n)\boldsymbol{\varepsilon}_n$,这表明$\sigma$是镜面反射.

【例 13】 设σ是n维欧氏空间V的正交变换. $W_1=\{\boldsymbol{\alpha}\in V\mid\sigma(\boldsymbol{\alpha})=\boldsymbol{\alpha}\}$, $W_2=\{\boldsymbol{\alpha}-\sigma(\boldsymbol{\alpha})\}$. 显然，$W_1,W_2$都是$V$的子空间. 证明：$V=W_1\oplus W_2$.

证明：先证$W_1\cap W_2=\{\mathbf{0}\}$. 对$\boldsymbol{\alpha}\in W_1\cap W_2$, 则$\boldsymbol{\alpha}=\sigma(\boldsymbol{\alpha}),\boldsymbol{\alpha}=\boldsymbol{\beta}-\sigma(\boldsymbol{\beta}),(\boldsymbol{\beta}\in V)$, 且有

$$(\boldsymbol{\alpha},\boldsymbol{\alpha})=(\boldsymbol{\alpha},\boldsymbol{\beta}-\sigma(\boldsymbol{\beta}))=(\boldsymbol{\alpha},\boldsymbol{\beta})-(\boldsymbol{\alpha},\sigma(\boldsymbol{\beta}))=(\boldsymbol{\alpha},\boldsymbol{\beta})-(\sigma(\boldsymbol{\alpha}),\sigma(\boldsymbol{\beta}))=(\boldsymbol{\alpha},\boldsymbol{\beta})-(\boldsymbol{\alpha},\boldsymbol{\beta})=0,$$

所以$\boldsymbol{\alpha}=\mathbf{0}$, 故$W_1+W_2$是直和.

又因为$W_1=\{(\varepsilon-\sigma)(\boldsymbol{\alpha})=\mathbf{0}\}=(\varepsilon-\sigma)^{-1}(\mathbf{0})$, 其中$\varepsilon$是$V$的恒等变换，而

$W_2=\{(\varepsilon-\sigma)(\boldsymbol{\alpha})\mid\boldsymbol{\alpha}\in V\}=(\varepsilon-\sigma)V$. 且$W_1+W_2\subseteq V$. 又有

$$\dim W_1+\dim W_2=\dim(\varepsilon-\sigma)^{-1}(\mathbf{0})+(\varepsilon-\sigma)V=n=\dim V,$$

故$V=W_1\oplus W_2$.

【例 14】 证明：每一个n阶非奇异实矩阵$\boldsymbol{A}$都可以唯一的表示成$\boldsymbol{A}=\boldsymbol{UT}$的形式，这里$\boldsymbol{U}$是一个正交矩阵，$\boldsymbol{T}$是一个上三角形实矩阵，且主对角线上的元素都是正数.

证明：存在性. 由于$\boldsymbol{A}$为n阶非奇异实矩阵，因此$\boldsymbol{A}=(\boldsymbol{\alpha}_1,\boldsymbol{\alpha}_2,\cdots,\boldsymbol{\alpha}_n)$的列向量

$\boldsymbol{\alpha}_1,\boldsymbol{\alpha}_2,\cdots,\boldsymbol{\alpha}_n$ 线性无关，从而为 R^n 的一个基．施行正交化单位化，令

$$\boldsymbol{\beta}_1 = t_{11}\boldsymbol{\alpha}_1$$
$$\boldsymbol{\beta}_2 = t_{12}\boldsymbol{\alpha}_1 + t_{22}\boldsymbol{\alpha}_2$$
$$\vdots$$
$$\boldsymbol{\beta}_n = t_{1n}\boldsymbol{\alpha}_1 + t_{2n}\boldsymbol{\alpha}_2 + \cdots + t_{nn}\boldsymbol{\alpha}_n$$

其中 $t_{ii}>0, i=1,2,\cdots,n$. 即有 $(\boldsymbol{\beta}_1,\boldsymbol{\beta}_2,\cdots,\boldsymbol{\beta}_n)=(\boldsymbol{\alpha}_1,\boldsymbol{\alpha}_2,\cdots,\boldsymbol{\alpha}_n)\boldsymbol{T}^{-1}$. 其中 $(\boldsymbol{\beta}_1,\boldsymbol{\beta}_2,\cdots,\boldsymbol{\beta}_n)$ 是 R^n 的标准正交基，而 $\boldsymbol{T}^{-1}=\begin{pmatrix} t_{11} & t_{12} & \cdots & t_{1n} \\ 0 & t_{22} & \cdots & t_{2n} \\ \vdots & \vdots & & \vdots \\ 0 & 0 & \cdots & t_{nn} \end{pmatrix}$.

从而 $\boldsymbol{T}$ 也是对角线上全为正实数的上三角矩阵．由 $(\boldsymbol{\beta}_1,\boldsymbol{\beta}_2,\cdots,\boldsymbol{\beta}_n)$ 是标准正交基，所以以它为列所得的 n 阶矩阵 $\boldsymbol{U}=(\boldsymbol{\beta}_1,\boldsymbol{\beta}_2,\cdots,\boldsymbol{\beta}_n)$ 是一正交矩阵，于是可知 $\boldsymbol{A}=\boldsymbol{UT}$.

唯一性．设另有 $\boldsymbol{A}=\boldsymbol{U}_1\boldsymbol{T}_1$，其中 $\boldsymbol{U}_1$ 为正交矩阵，$\boldsymbol{T}_1$ 为对角线上全为正实数的上三角矩阵，则 $\boldsymbol{UT}=\boldsymbol{U}_1\boldsymbol{T}_1$ 或 $\boldsymbol{TT}_1^{-1}=\boldsymbol{U}^{-1}\boldsymbol{U}_1$, 所以上式既是上三角矩阵（对角线上元素全为正），又是正交矩阵．可以证明 $\boldsymbol{TT}_1^{-1}=\boldsymbol{I}$, 即 $\boldsymbol{T}=\boldsymbol{T}_1,\boldsymbol{U}=\boldsymbol{U}_1$.

【例 15】 设 σ 是 n 为欧氏空间 V 的一个正交变换．证明：如果 V 的一个子空间 W 在 σ 之下不变，那么 W 的正交补 $W^{\perp}$ 也在 σ 之下不变．

证明：取 W 和 $W^{\perp}$ 标准正交基 $\boldsymbol{\alpha}_1,\boldsymbol{\alpha}_2,\cdots,\boldsymbol{\alpha}_s$ 和 $\boldsymbol{\alpha}_{s+1},\cdots,\boldsymbol{\alpha}_n$, 则 $\boldsymbol{\alpha}_1,\boldsymbol{\alpha}_2,\cdots,\boldsymbol{\alpha}_s,\boldsymbol{\alpha}_{s+1},\cdots,\boldsymbol{\alpha}_n$ 是 V 的一个标准正交基．且 $\sigma(\boldsymbol{\alpha}_1),\cdots,\sigma(\boldsymbol{\alpha}_s),\sigma(\boldsymbol{\alpha}_{s+1})\cdots,\sigma(\boldsymbol{\alpha}_n)$ 也是 V 的标准正交基．由 W 在 σ 之下不变知，$\sigma(\boldsymbol{\alpha}_1),\cdots,\sigma(\boldsymbol{\alpha}_s)$ 是 W 的标准正交基．再由 $(\sigma(\boldsymbol{\alpha}_i),\sigma(\boldsymbol{\alpha}_j))=0$,

$i=s+1,\cdots,n, j=1,\cdots,s$ 知，对一切的 $\boldsymbol{\xi}\in W$, 设 $\boldsymbol{\xi}=\sum\limits_{i=1}^{s}a_i(\sigma(\boldsymbol{\alpha}_i)$, 有

$$(\sigma(\boldsymbol{\alpha}_i),\boldsymbol{\xi})=\sum_{i=1}^{s}a_i(\sigma(\boldsymbol{\alpha}_j),\sigma(\boldsymbol{\alpha}_i))=0,\ j=s+1,\cdots,n.$$

所以 $\sigma(\boldsymbol{\alpha}_j)\in W^{\perp}$. 从而证明了，对一切的 $\boldsymbol{\alpha}\in W^{\perp}$, 有 $\sigma(\boldsymbol{\alpha})\in W^{\perp}$.

【例 16】 设 V 是一个 n 维欧氏空间．证明：

（1）如果 W 是 V 的子空间，那么 $(W^{\perp})^{\perp}=W$.

（2）如果 W_1,W_2 都是 V 的子空间，且 $W_1\subseteq W_2$, 那么 $W_2^{\perp}\subseteq W_1^{\perp}$.

（3）如果 W_1,W_2 都是 V 的子空间，那么 $(W_1+W_2)^{\perp}=W_1^{\perp}\cap W_2^{\perp}$.

证明：（1）对于任意 $\boldsymbol{\xi}\in W$, 有 $(\boldsymbol{\xi},W^{\perp})=0$, 所以 $\boldsymbol{\xi}\in(W^{\perp})^{\perp}$, 即 $W\subseteq(W^{\perp})^{\perp}$, 同样可以证明 $(W^{\perp})^{\perp}\subseteq W$, 即得 $(W^{\perp})^{\perp}=W$.

（2）因为 $W_1\subseteq V,W_2\subseteq V$, 且 $W_1\subseteq W_2$. 所以取 $W_1=L(\boldsymbol{\alpha}_1,\boldsymbol{\alpha}_2,\cdots,\boldsymbol{\alpha}_r,\boldsymbol{\alpha}_{r+1},\cdots,\boldsymbol{\alpha}_s)$. 这里 $\boldsymbol{\alpha}_1,\boldsymbol{\alpha}_2,\cdots,\boldsymbol{\alpha}_r,\boldsymbol{\alpha}_{r+1},\cdots,\boldsymbol{\alpha}_s$ 是一个标准正交组．对每一个 $\boldsymbol{\xi}\in W_2^{\perp}$, 有 $(\boldsymbol{\xi},W_2)=0$, 于是 $(\boldsymbol{\xi},\alpha_i)=0, i=1,2,\cdots,s$, 故有 $(\boldsymbol{\xi},W_1)=0$. 即 $\boldsymbol{\xi}\in W_1^{\perp}$, 从而 $W_2^{\perp}\subseteq W_1^{\perp}$.

（3）设 $\boldsymbol{\xi}\in W_1^{\perp}\cap W_2^{\perp}$，则 $(\boldsymbol{\xi},W_1)=0,(\boldsymbol{\xi},W_2)=0$，

于是，$(\boldsymbol{\xi},W_1)+(\boldsymbol{\xi},W_2)=(\boldsymbol{\xi},W_1+W_2)=0$，即 $\boldsymbol{\xi}\in(W_1+W_2)^{\perp}$，

所以，$W_1^{\perp}\cap W_2^{\perp}\subseteq(W_1+W_2)^{\perp}$.

反之，因为 $W_1\subseteq W_1+W_2,W_2\subseteq W_1+W_2$. 由（2）知 $(W_1+W_2)^{\perp}\subseteq W_1^{\perp},(W_1+W_2)^{\perp}\subseteq W_2^{\perp}$.

故 $(W_1+W_2)^{\perp}\subseteq W_1^{\perp}\cap W_2^{\perp}$. 所以 $(W_1+W_2)^{\perp}=W_1^{\perp}\cap W_2^{\perp}$.

四、对称变换

（1）欧氏空间 V 的线性变换 σ 叫作一个对称变换，如果对任意 $\boldsymbol{\alpha},\boldsymbol{\beta}\in V$，有 $(\sigma\boldsymbol{\alpha},\boldsymbol{\beta})=(\boldsymbol{\alpha},\sigma\boldsymbol{\beta})$.

（2）对称变换的性质：

① 对称变换的特征值都是实数，属于不同特征值的特征向量正交；

② 若欧氏空间 V 的线性变换 σ 是对称变换的充分必要条件是 σ 在任一组标准正交基下的矩阵是实对称矩阵.

③ 设 σ 是对称变换，V_1 是 σ 的不变子空间，则 $V_1^{\perp}$ 也是 σ 的不变子空间；

④ 设 σ 是欧氏空间 V 的对称变换，则存在 V 的一组标准正交基，使 σ 在该基下的矩阵为对角矩阵.

（3）实对称矩阵正交相似于对角矩阵的计算：

① 求出实对称矩阵 $\boldsymbol{A}$ 的特征值. 设 $\lambda_1,\cdots,\lambda_r$ 是 $\boldsymbol{A}$ 的全部不同的特征值.

② 对于每个 λ_i，解齐次方程组

$$(\lambda_i\boldsymbol{E}-\boldsymbol{A})\begin{pmatrix}x_1\\x_2\\\vdots\\x_n\end{pmatrix}=\boldsymbol{0},$$

求出一个基础解系，这就是 $\boldsymbol{A}$ 的特征子空间 V_{λ_i} 的一组基. 由这组基出发，求出 V_{λ_i} 的一组标准正交基 $\boldsymbol{\eta}_{i1},\cdots,\boldsymbol{\eta}_{ik_i}$.

③ 因为 $\lambda_1,\cdots,\lambda_r$ 两两不同，向量组 $\boldsymbol{\eta}_{11},\cdots,\boldsymbol{\eta}_{1k_1},\cdots,\boldsymbol{\eta}_{r1},\cdots,\boldsymbol{\eta}_{rk_r}$ 还是两两正交的. 它们的个数就等于空间的维数. 因此它们就构成 R^n 的一组标准正交基，并且也都是 $\boldsymbol{A}$ 的特征向量. 这样正交矩阵 $\boldsymbol{T}$ 也就求出了.

【例 17】 对于实对称矩阵 $\boldsymbol{A}$ 各求出一个正交矩阵 $\boldsymbol{U}$，使得 $\boldsymbol{U}'\boldsymbol{A}\boldsymbol{U}$ 是对角形式：

$$\boldsymbol{A}=\begin{pmatrix}11&2&-8\\2&2&10\\-8&10&5\end{pmatrix}.$$

解：特征多项式为 $|\lambda\boldsymbol{I}-\boldsymbol{A}|=(\lambda-9)(\lambda+9)(\lambda-18)$,

解三个齐次线性方程组，得属于特征根 −9,9,18 的特征向量分别为

$$\boldsymbol{\xi}_1=(1,-2,2),\boldsymbol{\xi}_2=(2,2,1),\boldsymbol{\xi}_3=(2,-1,2),$$

单位化得（不需要正交化）$\boldsymbol{\eta}_1=\frac{1}{3}(1,-2,2),\boldsymbol{\eta}_2=\frac{1}{3}(2,2,1),\boldsymbol{\eta}_3=\frac{1}{3}(2,-1,2)$,

则所求矩阵为 $\boldsymbol{U}=\frac{1}{3}\begin{pmatrix}1&2&2\\-2&2&-1\\2&1&2\end{pmatrix}$.

【例 18】设 σ 是 n 维欧氏空间 V 的一个对称变换，且 $\sigma^2=\sigma$. 证明：存在 V 的一个标准正交基，使 σ 关于这个基的矩阵有形状

$$\begin{pmatrix}1&&&&&0\\&\ddots&&&&\\&&1&&&\\&&&0&&\\&&&&\ddots&\\0&&&&&0\end{pmatrix}.$$

证明：设 $\boldsymbol{A}$ 为 σ 关于 V 的一个标准正交基 $\boldsymbol{\alpha}_1,\boldsymbol{\alpha}_2,\cdots,\boldsymbol{\alpha}_n$ 的矩阵，则 $\boldsymbol{A}$ 是 n 阶实对称矩阵，且 $\boldsymbol{A}^2=\boldsymbol{A}$. 设 $\boldsymbol{\xi}$ 是属于特征根 λ 的特征向量，则 $A\boldsymbol{\xi}=\lambda\boldsymbol{\xi}$, $A^2\boldsymbol{\xi}=A(\lambda\boldsymbol{\xi})=\lambda^2\boldsymbol{\xi}$. 因为 $\boldsymbol{A}^2=\boldsymbol{A}$. 所以 $(\lambda^2-\lambda)\boldsymbol{\xi}=\boldsymbol{0}$, 又因为 $\boldsymbol{\xi}\neq\boldsymbol{0}$, 所以 $\lambda^2-\lambda=0$, 即 $\lambda=0$ 或 $\lambda=1$. 因此存在正交矩阵 $\boldsymbol{U}$, 使

$$\boldsymbol{U}^{\mathrm{T}}\boldsymbol{A}\boldsymbol{U}=\boldsymbol{U}^{-1}\boldsymbol{A}\boldsymbol{U}=\begin{pmatrix}1&&&&&0\\&\ddots&&&&\\&&1&&&\\&&&0&&\\&&&&\ddots&\\0&&&&&0\end{pmatrix}.$$

【例 19】n 维欧氏空间 V 的一个线性变换 σ 称为反对称的，如果对于任意向量 $\boldsymbol{\alpha},\boldsymbol{\beta}\in V$, $(\sigma(\boldsymbol{\alpha}),\boldsymbol{\beta})=-(\boldsymbol{\alpha},\sigma(\boldsymbol{\beta}))$. 证明：

（1）反对称变换关于 V 的任意标准正交基的矩阵都是反对称的（满足条件 $\boldsymbol{A}^{\mathrm{T}}=-\boldsymbol{A}$ 的矩阵叫反对称矩阵）；

（2）反之，如果线性变换 σ 关于 V 的某一标准正交基的矩阵是反对称的，那么 σ 一定是反对称线性变换；

（3）反对称矩阵的特征根或者是零，或者是纯虚数.

证明：（1）设 σ 是反对称的，$\boldsymbol{\varepsilon}_1,\boldsymbol{\varepsilon}_2,\cdots,\boldsymbol{\varepsilon}_n$ 是一个标准正交基. 令

$$\sigma(\boldsymbol{\varepsilon}_i)=k_{i1}\boldsymbol{\varepsilon}_1+k_{i2}\boldsymbol{\varepsilon}_2+\cdots+k_{in}\boldsymbol{\varepsilon}_n,i=1,2,\cdots,n,$$

则 $(\sigma(\boldsymbol{\varepsilon}_i),\boldsymbol{\varepsilon}_j)=k_{ij},(\sigma(\boldsymbol{\varepsilon}_j),\boldsymbol{\varepsilon}_i)=k_{ji}$. 由反对称性知，$k_{ij}=-k_{ji}$. 从而

$$k_{ij}=\begin{cases}0, i=j\\ -k_{ji}, i\neq j\end{cases}, (i,j=1,2,\cdots,n),$$

那么

$$(\sigma(\boldsymbol{\varepsilon}_1),\sigma(\boldsymbol{\varepsilon}_2),\cdots,\sigma(\boldsymbol{\varepsilon}_n))=(\boldsymbol{\varepsilon}_1,\boldsymbol{\varepsilon}_2,\cdots,\boldsymbol{\varepsilon}_n)\begin{pmatrix}0 & k_{12} & \cdots & k_{1n}\\ -k_{12} & 0 & \cdots & k_{2n}\\ \vdots & \vdots & & \vdots\\ -k_{1n} & -k_{2n} & \cdots & 0\end{pmatrix}.$$

（2）设 σ 在标准正交基 $\boldsymbol{\varepsilon}_1,\boldsymbol{\varepsilon}_2,\cdots,\boldsymbol{\varepsilon}_n$ 下的矩阵已知，即 $(\sigma(\boldsymbol{\varepsilon}_i),\boldsymbol{\varepsilon}_j)=-(\sigma(\boldsymbol{\varepsilon}_j),\boldsymbol{\varepsilon}_i)$. 对于 $\alpha,\beta\in V$，可以证明 $(\sigma(\boldsymbol{\alpha}),\boldsymbol{\beta})=-(\boldsymbol{\alpha},\sigma(\boldsymbol{\beta}))$. 因而 σ 是反对称的.

（3）设 λ 是反对称矩阵 $\boldsymbol{A}$ 的一个非零特征根. $\boldsymbol{\xi}$ 是属于 λ 的特征向量，即 $\boldsymbol{A\xi}=\lambda\boldsymbol{\xi}$. 那么 $\boldsymbol{\xi}^{\mathrm{T}}\boldsymbol{A\xi}=\boldsymbol{\xi}^{\mathrm{T}}(-\boldsymbol{A}^{\mathrm{T}}\boldsymbol{\xi})=-(\boldsymbol{A}\overline{\boldsymbol{\xi}})^{\mathrm{T}}\boldsymbol{\xi}=-(\overline{\boldsymbol{\xi}}\,\overline{\boldsymbol{A}})^{\mathrm{T}}\boldsymbol{\xi}$. 所以 $\boldsymbol{\lambda}\overline{\boldsymbol{\xi}}^{\mathrm{T}}\boldsymbol{\xi}=-\overline{\boldsymbol{\lambda}}\overline{\boldsymbol{\xi}}^{\mathrm{T}}\boldsymbol{\xi}$. 故 $\lambda=-\overline{\lambda}$.

令 $\lambda=a+bi, a=-a$, 即 $a=0$, 所以 $\lambda=bi$.

【练习】（长安大学 2020 年）设 A 是 n 维线性空间 V 的一个线性变换，证明以下命题等价：

（1）A 是正交变换；

（2）对于 $\boldsymbol{\alpha}\in V, |A\boldsymbol{\alpha}|=|\boldsymbol{\alpha}|$;

（3）如果 $\boldsymbol{\varepsilon}_1,\boldsymbol{\varepsilon}_2,\cdots,\boldsymbol{\varepsilon}_n$ 是标准正交基，那么 $A\boldsymbol{\varepsilon}_1,A\boldsymbol{\varepsilon}_2,\cdots,A\boldsymbol{\varepsilon}_n$ 也是标准正交基；

（4）A 在任一组标准正交基下的矩阵是正交矩阵.

第九章

λ-矩阵

一、λ-矩阵的概念

（1）以λ的多项式为元素的矩阵称为λ-矩阵.

（2）λ-矩阵的相等、加法、乘法与数字矩阵相应的定义相同，且它们与数字具有相同的运算规律.

（3）若λ-矩阵$\boldsymbol{A}(\lambda)$中有一个$r(r\geqslant 1)$级子式不为零，而所有$r+1$级子式（如果有的话）全为零，则称$\boldsymbol{A}(\lambda)$的秩为r．零矩阵的秩规定为零.

（4）$n\times n$的λ-矩阵$\boldsymbol{A}(\lambda)$称为可逆的，如果有$n\times n$的λ-矩阵$\boldsymbol{B}(\lambda)$使

$$\boldsymbol{A}(\lambda)\boldsymbol{B}(\lambda)=\boldsymbol{B}(\lambda)\boldsymbol{A}(\lambda)=\boldsymbol{E},$$

矩阵$\boldsymbol{B}(\lambda)$（它是唯一的）称为$\boldsymbol{A}(\lambda)$的逆矩阵，记为$\boldsymbol{A}^{-1}(\lambda)$.

（5）$n\times n$的λ-矩阵$\boldsymbol{A}(\lambda)$是可逆的充要条件为行列式$|\boldsymbol{A}(\lambda)|$是一个非零的数.

二、λ-矩阵在初等变换下的标准形

（1）λ-矩阵的初等变换：

① 矩阵的两行（列）互换位置；

② 矩阵的某一行（列）乘以非零的常数c；

③ 矩阵有某一行（列）加另一行（列）的$\phi(\lambda)$倍，$\phi(\lambda)$是一个多项式.

（2）λ-矩阵$\boldsymbol{A}(\lambda)$称为与$\boldsymbol{B}(\lambda)$等价，如果$\boldsymbol{B}(\lambda)$可以由$\boldsymbol{A}(\lambda)$经过一系列初等变换得到.

（3）任意一个非零的$s\times n$的λ-矩阵$\boldsymbol{A}(\lambda)$都等价于下述形式的矩阵：

$$\begin{pmatrix} d_1(\lambda) & & & & & & \\ & d_2(\lambda) & & & & & \\ & & \ddots & & & & \\ & & & d_r(\lambda) & & & \\ & & & & 0 & & \\ & & & & & \ddots & \\ & & & & & & 0 \end{pmatrix},$$

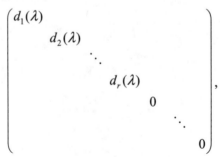

其中 $r \geqslant 1, d_i(\lambda)(i=1,2,\cdots,r)$ 是首项系数为 1 的多项式，且

$$d_i(\lambda) \mid d_{i+1}(\lambda) \quad (i=1,2,\cdots,r-1).$$

这个矩阵称为 $\boldsymbol{A}(\lambda)$ 的标准形，对角线上的非零元称为 $\boldsymbol{A}(\lambda)$ 的不变因子.

（4）λ-矩阵的标准形是唯一的.

三、行列式因子、初等因子

（1）设 λ-矩阵 $\boldsymbol{A}(\lambda)$ 的秩为 r，对于正整数 $k, 1 \leqslant k \leqslant r$，$\boldsymbol{A}(\lambda)$ 中必有非零的 k 级子式. $\boldsymbol{A}(\lambda)$ 中全部 k 级子式的首项系数为 1 的最大公因式 $D_k(\lambda)$ 称为 $\boldsymbol{A}(\lambda)$ 的 k 级行列式因子.

（2）把矩阵 $\boldsymbol{A}$ 的每个次数大于零的不变因子分解成互不相同的首项为 1 的一次因式方幂的乘积，所有这些一次因式方幂（相同的必须按出现的次数计算）称为矩阵 $\boldsymbol{A}$ 的初等因子. 全部不变因子的整体叫做矩阵 $\boldsymbol{A}$ 的初等因子组.

（3）设 $\boldsymbol{A}(\lambda)$ 与 $\boldsymbol{B}(\lambda)$ 是两个 $s \times n$ 的 λ-矩阵，则

$\boldsymbol{A}(\lambda)$ 与 $\boldsymbol{B}(\lambda)$ 等价 $\Leftrightarrow$ 它们的标准形相同 $\Leftrightarrow$ 它们的行列式相同

$\Leftrightarrow$ 它们的不变因子相同 $\Leftrightarrow$ 它们的秩与初等因子相同

$\Leftrightarrow$ 有一个 m 级可逆 λ-矩阵 $\boldsymbol{P}(\lambda)$ 和一个 n 级可逆 λ-矩阵 $\boldsymbol{Q}(\lambda)$ 使 $\boldsymbol{A}(\lambda)=\boldsymbol{P}(\lambda)\boldsymbol{B}(\lambda)\boldsymbol{Q}(\lambda)$.

（4）准对角分块 λ-矩阵

$$\boldsymbol{B}(\lambda)=\begin{pmatrix} \boldsymbol{B}_1(\lambda) & & \\ & \ddots & \\ & & \boldsymbol{B}_m(\lambda) \end{pmatrix}$$

中各子块的初等因子的全体即为 $\boldsymbol{B}(\lambda)$ 的初等因子组.

（5）设 $\boldsymbol{A}$，$\boldsymbol{B}$ 是数域 P 上两个 $n \times n$ 矩阵. $\boldsymbol{A}$ 与 $\boldsymbol{B}$ 相似的充要条件是它们的特征矩阵 $\lambda\boldsymbol{E}-\boldsymbol{A}$ 和 $\lambda\boldsymbol{E}-\boldsymbol{B}$ 等价.

四、若尔当标准形

（1）与方阵 $\boldsymbol{A}$ 相似的若尔当矩阵称为 $\boldsymbol{A}$ 的若尔当标准形.

（2）每个 n 级的复数矩阵 $\boldsymbol{A}$ 都与一个若尔当形矩阵相似，这个若尔当形矩阵除去其中若尔当块的排列次序外是被矩阵 $\boldsymbol{A}$ 唯一决定的，它称为 $\boldsymbol{A}$ 的若尔当标准形.

（3）设 σ 是复数域上 n 维线性空间 V 的线性变换，在 V 中必定存在一组基，使 σ 在这组基下的矩阵是若尔当形，并且这个若尔当形矩阵除去其中若尔当块的排列次序外是被 σ 唯一决定的.

（4）$\boldsymbol{A}$ 的最后一个不变因子是 $\boldsymbol{A}$ 的最小多项式.

（5）设 n 维线性空间 V 的线性变换 σ 的特征多项式为

$$f(\lambda)=(\lambda-\lambda_1)^{n_1},(\lambda-\lambda_2)^{n_2},\cdots,(\lambda-\lambda_r)^{n_r},$$

最小多项式为 $m(\lambda)=(\lambda-\lambda_1)^{m_1},(\lambda-\lambda_2)^{m_2},\cdots,(\lambda-\lambda_r)^{m_r}$，其中 λ_i 是数域 P 中的数，则 σ 有若尔当标准形，且对每个 λ_i 对应的若尔当块 $\boldsymbol{J}_{ik}$ 有如下性质：

① 至少有一个块 $\boldsymbol{J}_{ik}$ 的级数为 m_i，所有其余块的级数 $\leqslant m_i$；

② 所有 $\boldsymbol{J}_{ik}$ 的级数之和 $=n_i$；

③ 块 $\boldsymbol{J}_{ik}$ 的个数等于特征子空间 V_{λ_i} 的维数；

④ $\boldsymbol{J}_{ik}$ 的每个可能级的块数由 σ 唯一决定.

【例 1】 若尔当块

$$\boldsymbol{J}_0=\begin{pmatrix}\lambda_0 & 0 & \cdots & 0 & 0\\ 1 & \lambda_0 & \cdots & 0 & 0\\ 0 & 1 & \cdots & 0 & 0\\ \vdots & \vdots & & \vdots & \vdots\\ 0 & 0 & \cdots & 1 & \lambda_0\end{pmatrix}_{n\times n}$$

的初等因子是 $(\lambda-\lambda_0)^n$.

解： 事实上，考虑它的特征矩阵

$$\lambda\boldsymbol{E}-\boldsymbol{J}_0=\begin{pmatrix}\lambda-\lambda_0 & 0 & \cdots & 0 & 0\\ -1 & \lambda-\lambda_0 & \cdots & 0 & 0\\ 0 & -1 & \cdots & 0 & 0\\ \vdots & \vdots & & \vdots & \vdots\\ 0 & 0 & \cdots & -1 & \lambda-\lambda_0\end{pmatrix}$$

显然 $|\lambda\boldsymbol{E}-\boldsymbol{J}_0|=(\lambda-\lambda_0)^n$，这就是 $\lambda\boldsymbol{E}-\boldsymbol{J}_0$ 的 n 级行列式因子. 由于 $\lambda\boldsymbol{E}-\boldsymbol{J}_0$ 有一个 $n-1$ 级子式是

$$\begin{vmatrix}-1 & \lambda-\lambda_0 & \cdots & 0 & 0\\ 0 & -1 & \cdots & 0 & 0\\ \vdots & \vdots & & \vdots & \vdots\\ 0 & 0 & \cdots & -1 & \lambda-\lambda_0\\ 0 & 0 & \cdots & 0 & -1\end{vmatrix}=(-1)^{n-1},$$

所以它的 $n-1$ 级行列式因子是 1，从而它以下各级的行列式因子全是 1. 因此它的不变因子

$$d_1(\lambda)=\cdots=d_{n-1}(\lambda)=1,d_n(\lambda)=(\lambda-\lambda_0)^n.$$

由此即得，$\lambda\boldsymbol{E}-\boldsymbol{J}_0$ 的初等因子是 $(\lambda-\lambda_0)^n$.

【例 2】求矩阵 $\boldsymbol{C}=\begin{pmatrix}1&2&3&4\\0&1&2&3\\0&0&1&2\\0&0&0&1\end{pmatrix}$ 的若尔当标准形.

解：$\lambda\boldsymbol{E}-\boldsymbol{C}=\begin{pmatrix}\lambda-1&-2&-3&-4\\0&\lambda-1&-2&-3\\0&0&\lambda-1&-2\\0&0&0&\lambda-1\end{pmatrix}$,

显然 $\lambda\boldsymbol{E}-\boldsymbol{C}$ 有一三阶子式为 $\begin{vmatrix}\lambda-1&-2&-3\\0&\lambda-1&-2\\0&0&\lambda-1\end{vmatrix}=(\lambda-1)^3$, 二对另一三阶子式

$g(\lambda)=\begin{vmatrix}-2&-3&-4\\\lambda-1&-2&-3\\0&\lambda-1&-2\end{vmatrix}$, 由于 $g(1)=\begin{vmatrix}-2&-3&-4\\0&-2&-3\\0&0&-2\end{vmatrix}=-8\neq0$, 所以 $((\lambda-1)^3,g(\lambda))=1$, 故有 $D_3(\lambda)=1$, 所以 $\boldsymbol{C}$ 的不变因子为

$$d_1(\lambda)=d_2(\lambda)=d_3(\lambda)=1,d_4(\lambda)=D_4(\lambda)=(\lambda-1)^4.$$

即 $\boldsymbol{C}$ 的初等因子为 $(\lambda-1)^4$, 故其若尔当标准形为

$$\begin{pmatrix}1&1&&\\&\ddots&\ddots&\\&&\ddots&1\\&&&1\end{pmatrix}.$$

【例 3】已知 n 阶方阵

$$\boldsymbol{A}=\begin{pmatrix}0&0&\cdots&0&-a_0\\1&0&\cdots&0&-a_1\\0&1&\cdots&0&-a_2\\\vdots&\vdots&&\vdots&\vdots\\0&0&\cdots&1&-a_{n-1}\end{pmatrix},\boldsymbol{B}=\begin{pmatrix}a&1&&\\&a&\ddots&\\&&\ddots&1\\&&&a\end{pmatrix}.$$

（1）证明：$\boldsymbol{A}$ 的不变因子为 $1,1,\cdots,1,d_n(\lambda)=\lambda^n+a_{n-1}\lambda^{n-1}+\cdots+a_1\lambda+a_0$;

（2）证明：$\boldsymbol{B}$ 的初等因子为 $(\lambda-a)^n$.

证明：（1）$\lambda\boldsymbol{E}-\boldsymbol{A}=\begin{pmatrix}\lambda&0&\cdots&0&a_0\\-1&\lambda&\cdots&0&a_1\\0&-1&\cdots&\lambda&a_2\\\vdots&\vdots&&\vdots&\vdots\\0&0&\cdots&-1&\lambda+a_{n-1}\end{pmatrix}$,

由于 $\lambda\boldsymbol{E}-\boldsymbol{A}$ 中左下角的 $n-1$ 阶子式为 $(-1)^{n-1}$，所以 $D_{n-1}(\lambda)=1$. 于是

$$D_1(\lambda)=D_2(\lambda)=\cdots=D_{n-1}(\lambda)=1.$$

又 $D_n(\lambda)=|\lambda\boldsymbol{E}-\boldsymbol{A}|=\lambda^n+a_{n-1}\lambda^{n-1}+\cdots+a_1\lambda+a_0$,

从而 $\boldsymbol{A}$ 的不变因子为 $1,1,\cdots,1,d_n(\lambda)=\lambda^n+a_{n-1}\lambda^{n-1}+\cdots+a_1\lambda+a_0$.

（2）$\lambda\boldsymbol{E}-\boldsymbol{B}=\begin{pmatrix}\lambda-a & -1 & & \\ & \lambda-a & \ddots & \\ & & \ddots & -1 \\ & & & \lambda-a\end{pmatrix}$,

由于 $\lambda\boldsymbol{E}-\boldsymbol{B}$ 中右上角的 $n-1$ 阶子式为 $(-1)^{n-1}$，所以 $D_{n-1}(\lambda)=1$, 从而

$$D_1(\lambda)=D_2(\lambda)=\cdots=D_{n-1}(\lambda)=1.$$

又 $D_n(\lambda)=|\lambda\boldsymbol{E}-\boldsymbol{B}|=(\lambda-a)^n$,

从而 $\boldsymbol{B}$ 的不变因子为 $d_1(\lambda)=d_2(\lambda)=\cdots=d_{n-1}(\lambda)=1,d_n(\lambda)=(\lambda-a)^n$. 故 $\boldsymbol{B}$ 的初等因子为 $(\lambda-a)^n$.

【例 4】设 $\boldsymbol{A}(\lambda)$ 为一个 5 阶方阵，其秩为 4，初等因子为 $\lambda,\lambda^2,\lambda^2,\lambda-1,\lambda-1,\lambda+1,(\lambda+1)^3$，试求 $\boldsymbol{A}(\lambda)$ 的 Smith 标准形.

解： 由题设知 $\boldsymbol{A}(\lambda)$ 的不变因子

$$d_1(\lambda)=1,d_2(\lambda)=\lambda,d_3(\lambda)=\lambda^2(\lambda-1)(\lambda+1),d_4(\lambda)=\lambda^2(\lambda-1)(\lambda+1)^3,$$

因此，$\boldsymbol{A}(\lambda)$ 的 Smith 标准形为

$$\begin{pmatrix}1 & 0 & 0 & 0 & 0\\ 0 & \lambda & 0 & 0 & 0\\ 0 & 0 & \lambda^2(\lambda-1)(\lambda+1) & 0 & 0\\ 0 & 0 & 0 & \lambda^2(\lambda-1)(\lambda+1)^3 & 0\\ 0 & 0 & 0 & 0 & 0\end{pmatrix}.$$

【例 5】 证明：以下 $n(n>1)$ 阶方阵可对角化，并求其若尔当标准形.

$$\boldsymbol{A}=\begin{pmatrix}0 & 1 & 0 & \cdots & 0\\ 0 & 0 & 1 & \cdots & 0\\ \vdots & \vdots & \vdots & & \vdots\\ 0 & 0 & 0 & \cdots & 1\\ 1 & 0 & 0 & \cdots & 0\end{pmatrix}.$$

证明： 由于 $\lambda\boldsymbol{E}-\boldsymbol{A}$ 中有 $n-1$ 阶子式

$$\boldsymbol{A}=\begin{pmatrix}-1 & & \\ & \ddots & \\ & & -1\end{pmatrix}=(-1)^{n-1}$$

为非零常数，故其$n-1$阶行列式因子$D_{n-1}(\lambda)=1$.

从行列式$|\lambda\boldsymbol{E}-\boldsymbol{A}|$的最后一列开始，每列乘$\lambda$都往前一列加，得

$$D_n(\lambda)=|\lambda\boldsymbol{E}-\boldsymbol{A}|=\lambda^n-1.$$

于是$\boldsymbol{A}$的最小多项式为$d_n(\lambda)=\lambda^n-1$,无重根，故$\boldsymbol{A}$可对角化.

因而，$\lambda\boldsymbol{E}-\boldsymbol{A}$的不变因子是$1,1,\cdots,1,\lambda^n-1$.在复数域上的初等因子为

$$\lambda-1,\lambda-\varepsilon,\cdots,\lambda-\varepsilon^{n-1}.$$

其中ε为n次原根．由此得$\boldsymbol{A}$的若尔当标准形为

$$\begin{pmatrix}1&&&\\&\varepsilon&&\\&&\ddots&\\&&&\varepsilon^{n-1}\end{pmatrix}.$$

【例 6】设$\boldsymbol{A}=\begin{pmatrix}3&0&8&0\\3&-1&6&0\\-2&0&-5&0\\0&0&0&2\end{pmatrix}$,求$\boldsymbol{A}$的若尔当标准形$\boldsymbol{J}$,并求出$\boldsymbol{P}$,使得$\boldsymbol{P}^{-1}\boldsymbol{AP}=\boldsymbol{J}$.

解：$\lambda\boldsymbol{E}-\boldsymbol{A}=\begin{pmatrix}\lambda-3&0&-8&0\\-3&\lambda+1&-6&0\\2&0&\lambda+5&0\\0&0&0&\lambda-2\end{pmatrix}\to\begin{pmatrix}\lambda-3&0&-8&0\\-3&\lambda+1&-6&0\\-1&\lambda+1&\lambda-1&0\\0&0&0&\lambda-2\end{pmatrix}$

$$\to\begin{pmatrix}1&-(\lambda+1)&-(\lambda-1)&0\\-3&\lambda+1&-6&0\\\lambda-3&0&-8&0\\0&0&0&\lambda-2\end{pmatrix}$$

$$\to\begin{pmatrix}1&0&0&0\\0&-2(\lambda+1)&-3(\lambda+1)&0\\0&(\lambda+1)(\lambda-3)&(\lambda+1)(\lambda-5)&0\\0&0&0&\lambda-2\end{pmatrix}\to\begin{pmatrix}1&0&0&0\\0&\lambda+1&0&0\\0&0&(\lambda+1)^2&0\\0&0&0&\lambda-2\end{pmatrix},$$

所以$\boldsymbol{A}$的初等因子为$\lambda+1,(\lambda+1)^2,\lambda-2$.故$\boldsymbol{A}$的若尔当标准形为

$$\boldsymbol{J}=\begin{pmatrix}-1&&&\\&-1&&\\&1&-1&\\&&&2\end{pmatrix}.$$

设$\boldsymbol{P}=(\boldsymbol{X}_1,\boldsymbol{X}_2,\boldsymbol{X}_3,\boldsymbol{X}_4)$使$\boldsymbol{P}^{-1}\boldsymbol{AP}=\boldsymbol{J}$,则有$\boldsymbol{AP}=\boldsymbol{PJ}$,于是有

$$(\boldsymbol{A}+\boldsymbol{E})\boldsymbol{X}_1=\boldsymbol{0},(\boldsymbol{A}+\boldsymbol{E})\boldsymbol{X}_3=\boldsymbol{0},(\boldsymbol{A}+\boldsymbol{E})\boldsymbol{X}_2=\boldsymbol{X}_3,(\boldsymbol{A}-2\boldsymbol{E})\boldsymbol{X}_4=\boldsymbol{0}.$$

解线性方程组 $(\boldsymbol{A}+\boldsymbol{E})\boldsymbol{Y}=\boldsymbol{0}$ 得其一般解为 $\boldsymbol{Y}=(-2y_3,y_2,y_3,0)^{\mathrm{T}}$，其中 y_2,y_3 是自由未知量，其一个基础解系为 $(0,1,0,0)^{\mathrm{T}},(-2,0,1,0)^{\mathrm{T}}$.

取 $\boldsymbol{X}_1=(0,1,0,0)^{\mathrm{T}}$，若取 $\boldsymbol{X}_3=(-2,0,1,0)^{\mathrm{T}}$，则 $(\boldsymbol{A}+\boldsymbol{E})\boldsymbol{Y}=\boldsymbol{X}_3$ 无解，为此设

$\boldsymbol{X}_3=(-2y_3,y_2,y_3,0)^{\mathrm{T}}$，$\boldsymbol{X}_3$ 的取法应使得 $(\boldsymbol{A}+\boldsymbol{E})\boldsymbol{Y}=\boldsymbol{X}_3$ 有解．由于

$$(\boldsymbol{A}+\boldsymbol{E},\boldsymbol{X}_3)=\begin{pmatrix}4&0&8&0&-2y_3\\3&0&6&0&y_2\\-2&0&-4&0&y_3\\0&0&0&3&0\end{pmatrix}\to\begin{pmatrix}1&0&2&0&-\frac{1}{2}y_3\\0&0&0&0&y_2+\frac{3}{2}y_3\\0&0&0&0&0\\0&0&0&3&0\end{pmatrix}.$$

为了使得 $(\boldsymbol{A}+\boldsymbol{E})\boldsymbol{Y}=\boldsymbol{X}_3$ 有解，需有 $y_2+\frac{3}{2}y_3=0$，于是取 $\boldsymbol{X}_3=(-4,-3,2,0)^{\mathrm{T}}$，可求出 $(\boldsymbol{A}+\boldsymbol{E})\boldsymbol{Y}=\boldsymbol{X}_3$ 得一个特解为 $(-1,0,0,0)^{\mathrm{T}}$，$\boldsymbol{X}_2$ 可取为 $(-1,0,0,0)^{\mathrm{T}}$．求解 $(\boldsymbol{A}-2\boldsymbol{E})\boldsymbol{Y}=\boldsymbol{0}$ 可取 $\boldsymbol{X}_4=(0,0,0,1)^{\mathrm{T}}$，从而

$$\boldsymbol{P}=\begin{pmatrix}0&-1&-4&0\\1&0&-3&0\\0&0&2&0\\0&0&0&1\end{pmatrix}.$$

【例 7】设线性空间 V 的线性变换 σ 的特征多项式为 $f(\lambda)=(\lambda-2)^3(\lambda-5)^2$，试找出 σ 的所有可能的若尔当标准形.

解：因为 $\lambda-2$ 在 $f(\lambda)$ 中的指数为 3，所以 2 在主对角线上必须出现 3 次，而 $\lambda-5$ 的指数为 2，所以 5 在主对角线上必须出现 2 次，于是 σ 的所有可能的若尔当标准形有如下 6 种：

$$\begin{pmatrix}2&&&&\\1&2&&&\\&1&2&&\\&&&5&\\&&&1&5\end{pmatrix};\begin{pmatrix}2&&&&\\1&2&&&\\&&2&&\\&&&5&\\&&&1&5\end{pmatrix};\begin{pmatrix}2&&&&\\&2&&&\\&&2&&\\&&&5&\\&&&1&5\end{pmatrix};$$

$$\begin{pmatrix}2&&&&\\1&2&&&\\&1&2&&\\&&&5&\\&&&&5\end{pmatrix};\begin{pmatrix}2&&&&\\1&2&&&\\&&2&&\\&&&5&\\&&&&5\end{pmatrix};\begin{pmatrix}2&&&&\\&2&&&\\&&2&&\\&&&5&\\&&&&5\end{pmatrix}.$$

如果属于特征 5 的线性无关的特征向量的个数为 1,则当属于特征 2 的线性无关的特征向量的个数为 1 时，出现情形①当属于特征 2 的线性无关的特征向量的个数为 2 时，

出现情形②当属于特征 2 的线性无关的特征向量的个数为 3 时，出现情形③属于特征值 5 的线性无关的特征向量的个数为 2，可以类似分析.

【例 8】 设线性变换 σ 的特征多项式为 $f(\lambda)=(\lambda-2)^4(\lambda-3)^3$，最小多项式为 $m(\lambda)=(\lambda-2)^2(\lambda-3)^2$，试找出 σ 的所有可能的若尔当标准形.

解：因为 $\lambda-2$ 在 $f(\lambda)$ 中的指数为 4，在 $m(\lambda)$ 中的指数为 2，所以块 $\begin{pmatrix}2&0\\1&2\end{pmatrix}$ 至少有一块，也可能有 2 块，而 $\lambda-3$ 在 $f(\lambda)$ 中的指数为 3，在 $m(\lambda)$ 中的指数为 2，所以块 $\begin{pmatrix}3&0\\1&3\end{pmatrix}$ 至少有一块，故 σ 的若尔当标准形可能有如下两种：

$$\begin{pmatrix}2&0&&&&&\\1&2&&&&&\\&&2&0&&&\\&&1&2&&&\\&&&&3&0&\\&&&&1&3&\\&&&&&&3\end{pmatrix};\begin{pmatrix}2&0&&&&&\\1&2&&&&&\\&&2&&&&\\&&&2&&&\\&&&&3&0&\\&&&&1&3&\\&&&&&&3\end{pmatrix}.$$

【例 9】（1）利用若尔当标准形证明：方阵 $\boldsymbol{A}$ 的特征值全为 $0\Leftrightarrow$ 存在正整数 m 使 $\boldsymbol{A}^m=\boldsymbol{0}$.

（2）证明：若 $\boldsymbol{A}^m=\boldsymbol{0}$，则 $|\boldsymbol{A}+\boldsymbol{E}|=1$.

证明：（1）设 $\boldsymbol{A}$ 的若尔当标准形为 $\boldsymbol{J}=\begin{pmatrix}\boldsymbol{J}_1&&\\&\ddots&\\&&\boldsymbol{J}_s\end{pmatrix}$，且 $\boldsymbol{A}^m=\boldsymbol{0}$，则

$$\boldsymbol{J}^m=\begin{pmatrix}\boldsymbol{J}_1^m&&\\&\ddots&\\&&\boldsymbol{J}_s^m\end{pmatrix},\boldsymbol{J}_i^m=\begin{pmatrix}\boldsymbol{\lambda}_i^m&&*\\&\ddots&\\&&\boldsymbol{\lambda}_i^m\end{pmatrix}=\boldsymbol{0}.$$

由此得 $\lambda_i^m=0,\lambda_i=0$. 即 A 的特征值全为 0.

反之，若 $\boldsymbol{A}$ 的特征值全为 0，则 $\boldsymbol{A}$ 的若尔当标准形为 $\boldsymbol{J}$ 中的若尔当块必为

$$\boldsymbol{J}_i=\begin{pmatrix}0&1&&\\&\ddots&\ddots&\\&&\ddots&1\\&&&0\end{pmatrix}.$$

取正整数 $m\geqslant$ 所有 $\boldsymbol{J}_i$ 的阶数，则必有 $\boldsymbol{J}_i^m=\boldsymbol{0}$. 从而 $\boldsymbol{J}^m=\boldsymbol{0}$，于是 $\boldsymbol{A}^m=\boldsymbol{0}$.

（2）设 A 的若尔当标准形为 $\boldsymbol{J}=\begin{pmatrix}\boldsymbol{J}_1&&\\&\ddots&\\&&\boldsymbol{J}_s\end{pmatrix}=\boldsymbol{P}^{-1}\boldsymbol{A}\boldsymbol{P}$.

由于 $A^m=0$, 故由（1）知 A 的特征值全为 0．于是每个若尔当块 J_i 的主对角线上的元素全为 0，因此

$$|A+E|=|P^{-1}JP+E|=|P^{-1}||J+E||P|=|J+E|=1,$$

故 $|A+E|=1$.

【例 10】 设 σ 是复数域上 n 维线性空间 V 的一个线性变换，且 σ 在基 $\varepsilon_1,\varepsilon_2,\cdots,\varepsilon_n$ 下的矩阵是 $J=\begin{pmatrix}\lambda_0 & & & \\ 1 & \ddots & & \\ & \ddots & \ddots & \\ & & 1 & \lambda_0\end{pmatrix}$. 证明：（1）包含 ε_1 的不变子空间只有 V；（2）任一非零不变子空间都包含 ε_n；（3）V 不能分解为两个非平凡不变子空间的直和．

证明：由于 σ 在基 $\varepsilon_1,\varepsilon_2,\cdots,\varepsilon_n$ 下的矩阵是 J, 故

$$\sigma\varepsilon_1=\lambda_0\varepsilon_1+\varepsilon_2,\sigma\varepsilon_2=\lambda_0\varepsilon_2+\varepsilon_3,\cdots,\sigma\varepsilon_{n-1}=\lambda_0\varepsilon_{n-1}+\varepsilon_n,\sigma\varepsilon_n=\lambda_0\varepsilon_n.$$

（1）设 W 是 V 的任一包含 ε_1 的不变子空间，则由 $\sigma\varepsilon_1,\lambda_0\varepsilon_1\in W$ 得 $\varepsilon_2=\sigma\varepsilon_1-\lambda_0\varepsilon_1\in W$; 进而可得 $\varepsilon_3=\sigma\varepsilon_2-\lambda_0\varepsilon_2\in W,\cdots,\varepsilon_n\in W$. 故 $W=V$.

（2）设 W 是（关于 σ 的）任一非零不变子空间，且

$$0\neq\alpha=k_1\varepsilon_1+k_2\varepsilon_2+\cdots+k_n\varepsilon_n\in W.$$

再设 $k_1=k_2=\cdots=k_{i-1}=0,k_i\neq0,\alpha=k_i\varepsilon_i\cdots+k_n\varepsilon_n\in W$.

因为 W 对 σ 不变，故 $\sigma\alpha\in W$. 于是 $(\sigma-\lambda_0 I)\alpha=\sigma\alpha-\lambda_0\alpha\in W$.

但由（1）得 $(\sigma-\lambda_0 I)\varepsilon_i=\varepsilon_{i+1},(\sigma-\lambda_0 I)\varepsilon_n=0$. 因此有

$$(\sigma-\lambda_0 I)\alpha=k_i(\sigma-\lambda_0 I)\varepsilon_i+\cdots+k_n(\sigma-\lambda_0 I)\varepsilon_n=k_i\varepsilon_{i+1}+k_{i+1}\varepsilon_{i+2}+\cdots+k_{n-1}\varepsilon_n\in W.$$

同理，$(\sigma-\lambda_0 I)^2\alpha=k_i\varepsilon_{i+2}+\cdots+k_{n-2}\varepsilon_n\in W,\cdots,(\sigma-\lambda_0 I)^{n-i}\alpha=k_i\varepsilon_n\in W$.

但 $k_i\neq0$, 故 $\varepsilon_n\in W$.

（3）反证法．设若 $V=V_1\oplus V_2$ 且 V_1,V_2 是关于 σ 的两个非平凡不变子空间，则由（2）知 $\varepsilon_n\in V_1\cap V_2=\{0\}$, 矛盾．

【例 11】 设 n 阶方阵 $A=A^2,B=B^2$ 且 $AB=BA$, 证明：存在可逆方阵 P, 使 $P^{-1}AP$ 与 $P^{-1}BP$ 皆为对角矩阵且主对角线上的元素为 1 和 0.

证明：由于 $A=A^2$, 故 A 满足 $f(\lambda)=\lambda(\lambda-1)$. 因而 A 的最小多项式整除 $f(\lambda)$, $\lambda E-A$ 的初等因子只能由 $\lambda,\lambda-1$ 构成．于是 A 相似于 $\begin{pmatrix}E_r & \\ & 0\end{pmatrix}$（$r=A$ 秩），故存在可逆矩阵 P_1 使

$$P_1^{-1}AP_1=\begin{pmatrix}E_r & \\ & 0\end{pmatrix}.$$

令 $B_0=P_1^{-1}BP_1$, 则由 $AB=BA$ 得 $(P_1^{-1}BP_1)(P_1^{-1}AP_1)=(P_1^{-1}AP_1)(P_1^{-1}BP_1)$, 即

$$B_0\begin{pmatrix} E_r & \\ & \mathbf{0}\end{pmatrix}=\begin{pmatrix} E_r & \\ & \mathbf{0}\end{pmatrix}B_0.$$

由此得 $B_0=\begin{pmatrix} B_1 & \\ & B_2\end{pmatrix}$($B_1$ 为 r 阶).

又由 $B^2=B$ 可得 $B_0{}^2=B_0$, 从而 $\begin{pmatrix} B_1{}^2 & \\ & B_2{}^2\end{pmatrix}=\begin{pmatrix} B_1 & \\ & B_2\end{pmatrix}$, $B_1{}^2=B_1, B_2{}^2=B_2$. 由上同理可得

$$Q_1{}^{-1}B_1Q_1=\begin{pmatrix} E_s & \\ & \mathbf{0}\end{pmatrix}, Q_2{}^{-1}B_2Q_2=\begin{pmatrix} E_t & \\ & \mathbf{0}\end{pmatrix},$$

其中 Q_1, Q_2 可逆且 $s\leqslant r, t\leqslant n-r$. 再令 $Q=\begin{pmatrix} Q_1 & \\ & Q_2\end{pmatrix}$, $P=P_1Q$, 则由 $B_0=P_1^{-1}BP_1$ 及以上结论得

$$P^{-1}AP=Q^{-1}(P_1^{-1}AP_1)Q=\begin{pmatrix} E_r & \\ & \mathbf{0}\end{pmatrix};\ P^{-1}BP=Q^{-1}B_0Q=\begin{pmatrix} E_s & & & \\ & \mathbf{0} & & \\ & & E_t & \\ & & & \mathbf{0}\end{pmatrix}.$$

【例 12】 设 $B=\begin{pmatrix} 0 & 2011 & 11 \\ 0 & 0 & 11 \\ 0 & 0 & 0\end{pmatrix}$, 证明: $X^2=B$ 无解，这里 X 为三阶未知复方阵.

证明: 反证法. 若存在复方阵 A 使得 $A^2=B$, 则有 $2=r(B)=r(A^2)\leqslant r(A)$,

又 $0=\det(B)=\det(A)^2$, 故 $r(A)=2$. 另外，易知 A 的特征值都是 0，故由若尔当标准形理论知存在可逆矩阵 P 使得 $P^{-1}AP=\begin{pmatrix} 0 & 1 & 0 \\ 0 & 0 & 1 \\ 0 & 0 & 0\end{pmatrix}$,

于是 $P^{-1}BP=(P^{-1}AP)^2=\begin{pmatrix} 0 & 0 & 1 \\ 0 & 0 & 0 \\ 0 & 0 & 0\end{pmatrix}$, 故 $r(B)=1$, 矛盾.

【例 13】（1）求矩阵 $A=\begin{pmatrix} 0 & 1 & 1 & 1 \\ 0 & 0 & 1 & 1 \\ 0 & 0 & 0 & 1 \\ 0 & 0 & 0 & 0\end{pmatrix}$ 的若尔当标准形，并计算 e^A.

（按通常定义 $e^A=E+A+\dfrac{A^2}{2!}+\dfrac{A^3}{3!}+\cdots$）.

（2）设 $B=\begin{pmatrix} 4 & 4.5 & -1 \\ -3 & -3.5 & 1 \\ -2 & -3 & 1.5\end{pmatrix}$, 求 B^{2005}（精确到小数点后四位）.

解：（1）先求 $\boldsymbol{A}$ 的若尔当标准形．因为 $\lambda\boldsymbol{E}-\boldsymbol{A}$ 的行列式因子 $D_4(\lambda)=|\lambda E-A|=\lambda^4$，且 $\lambda\boldsymbol{E}-\boldsymbol{A}$ 的左上角的一个三阶子式为 λ^3，右上角的一个三阶子式为 $-(\lambda+1)^2$，所以 $D_3(\lambda)=1$，故 $\boldsymbol{A}$ 的行列式因子为 $D_1(\lambda)=D_2(\lambda)=D_3(\lambda)=1, D_4(\lambda)=\lambda^4$.

从而 $\boldsymbol{A}$ 的不变因子为 $d_1(\lambda)=d_2(\lambda)=d_3(\lambda)=1, d_4(\lambda)=\lambda^4$.

由此得 $\boldsymbol{A}$ 的初等因子为 λ^4，因而 $\boldsymbol{A}$ 的若尔当标准形为

$$\boldsymbol{J}=\begin{pmatrix}0&1&0&0\\0&0&1&0\\0&0&0&1\\0&0&0&0\end{pmatrix}.$$

再求 e^{A}．因为 $f(\lambda)=|\lambda\boldsymbol{E}-\boldsymbol{A}|=\lambda^4$，故由哈密尔顿—凯莱定理知 $\boldsymbol{A}^4=\boldsymbol{0}$，于是

$$e^{A}=\boldsymbol{E}+\boldsymbol{A}+\frac{\boldsymbol{A}^2}{2!}+\frac{\boldsymbol{A}^3}{3!}=\begin{pmatrix}1&1&\frac{3}{2}&\frac{13}{6}\\0&1&1&\frac{3}{2}\\0&0&1&1\\0&0&0&1\end{pmatrix}.$$

（2）易知 $g(\lambda)=|\lambda\boldsymbol{E}-\boldsymbol{B}|=(\lambda-1)\left(\lambda-\frac{1}{2}\right)^2$，由哈密尔顿—凯莱定理知 $g(\boldsymbol{B})=\boldsymbol{0}$，令 $\varphi(\lambda)=\lambda^{2005}$，且 $\varphi(\lambda)=g(\lambda)q(\lambda)+r(\lambda)$，其中 $\partial r(\lambda)<\partial g(\lambda)=3$.

于是 $g(\lambda)\mid\varphi(\lambda)-r(\lambda)$，考虑到 $\varphi(\lambda)-r(\lambda)=(\lambda-1)\left(\lambda-\frac{1}{2}\right)^2 q(\lambda)$，现设 $r(\lambda)=a\lambda^2+b\lambda+c$，$a,b,c$ 为待定系数，则有

$$\begin{cases}\varphi(1)-r(1)=0\\ \varphi\left(\frac{1}{2}\right)-r\left(\frac{1}{2}\right)=0\\ \varphi'\left(\frac{1}{2}\right)-r'\left(\frac{1}{2}\right)=0\end{cases}\text{，即}\begin{cases}a+b+c=1\\ \frac{a}{4}+\frac{b}{2}+c=\frac{1}{2^{2005}}\\ a+b=\frac{2005}{2^{2004}}\end{cases}.$$

解得 a,b,c 的近似值（精确到小数点后 4 位），$a=4, b=-4, c=1$. 于是有

$$\boldsymbol{B}^{2005}=g(\boldsymbol{B})q(\boldsymbol{B})+r(\boldsymbol{B})=r(\boldsymbol{B})=4\boldsymbol{B}^2-4\boldsymbol{B}+\boldsymbol{E}=\begin{pmatrix}3&3&0\\-2&-2&0\\0&0&0\end{pmatrix}.$$

附　　录

2020年陕西师范大学攻读硕士学位研究生试题

一、（15分）设 $f_k(x),(k=1,2,\cdots,n)$ 是数域 P 上的多项式．证明：

$x^n+x^{n-1}+\cdots+x^2+x+1\mid x^{n-1}f_1(x^{n+1})+x^{n-2}f_2(x^{n+1})+\cdots+xf_{n-1}(x^{n+1})+f_n(x^{n+1})$ 的充要条件为 $(x-1)\mid f_k(x)$.

二、（15分）计算

$$\begin{vmatrix} a_1+x & a_2 & a_3 & a_4 \\ a_1 & a_2+x & a_3 & a_4 \\ a_1 & a_2 & a_3+x & a_4 \\ a_1 & a_2 & a_3 & a_4+x \end{vmatrix}=0$$

的全部解．

三、（20分）已知 $\boldsymbol{A}$ 为 m 阶方阵，证明：

1．$r(\boldsymbol{A}'\boldsymbol{A})=r(\boldsymbol{A})$.

2．设 $\boldsymbol{X}=(x_1,x_2,\cdots,x_m)',\boldsymbol{b}$ 为 $m\times 1$ 的列向量，证明：$\boldsymbol{A}'\boldsymbol{A}\boldsymbol{X}=\boldsymbol{A}'\boldsymbol{b}$ 有解.

四、（20 分）设 $\boldsymbol{\alpha}_1=(0,0,1,k)',\boldsymbol{\alpha}_2=(0,1,1,0)',\boldsymbol{\alpha}_3=(1,k,0,0)',\boldsymbol{\alpha}_4=(k,0,0,1)'$.

1．k 为何值时，$\boldsymbol{\alpha}_1,\boldsymbol{\alpha}_2,\boldsymbol{\alpha}_3,\boldsymbol{\alpha}_4$ 线性无关？

2．k 为何值时，$\boldsymbol{\alpha}_1,\boldsymbol{\alpha}_2,\boldsymbol{\alpha}_3,\boldsymbol{\alpha}_4$ 线性相关？求出其秩并求出一组极大线性无关组.

五、（15 分）设 $\boldsymbol{A},\boldsymbol{B}$ 为 n 阶方阵，证明：$r(\boldsymbol{A})+r(\boldsymbol{B})-n\leqslant r(\boldsymbol{A}\boldsymbol{B})\leqslant \min\{r(\boldsymbol{A}),r(\boldsymbol{B})\}$.

六、（20 分）已知二次型 $f(x_1,x_2,x_3)=2x_1^2+2x_2^2+3x_3^2+2x_1x_2$.

1．把二次型写成 $f(x_1,x_2,x_3)=\boldsymbol{X}'\boldsymbol{A}\boldsymbol{X}$ 的形式.

2．求 $\boldsymbol{A}$ 的特征值与特征向量.

3．求正交矩阵 $\boldsymbol{Q}$，将 $f(x_1,x_2,x_3)$ 通过正交变换 $\boldsymbol{X}=\boldsymbol{QY}$ 化为标准形.

七、（20 分）设 V 是复数域上 n 维线性空间，而线性变换 σ 在 V 的一组基 $\boldsymbol{\varepsilon}_1,\boldsymbol{\varepsilon}_2,\cdots,\boldsymbol{\varepsilon}_n$ 下的矩阵是 $\begin{pmatrix} \lambda & 0 & 0 & \cdots & 0 \\ 1 & \lambda & 0 & \cdots & 0 \\ 0 & 1 & \lambda & \cdots & 0 \\ \vdots & \vdots & \vdots & & \vdots \\ 0 & 0 & 0 & \cdots & \lambda \end{pmatrix}$.

证明：1．V 中包含 $\boldsymbol{\varepsilon}_1$ 的 σ 的不变子空间是 V 自身.

2．V 中任一 σ 的不变子空间都包含 $\boldsymbol{\varepsilon}_n$.

3．问：V 中共有多少个不变子空间？

八、（10 分）写出以 $f(\lambda)=(\lambda-2)^4(\lambda+1)^2(\lambda-3)$ 为特征多项式的互不相似的若尔当标准形.

九、（15 分）设 $\boldsymbol{A}$ 是实数域上秩为 r 的 $n\times m$ 矩阵，证明：存在 n 阶正交矩阵 $\boldsymbol{Q}_1$ 和 m 阶正交矩阵 $\boldsymbol{Q}_2$ 使得 $\boldsymbol{Q}_1\boldsymbol{A}\boldsymbol{Q}_2=\begin{pmatrix}\boldsymbol{A}_1 & \boldsymbol{O}\\ \boldsymbol{O} & \boldsymbol{O}\end{pmatrix}$，其中 $\boldsymbol{A}_1$ 为 r 阶可逆矩阵.

2019年陕西师范大学攻读硕士学位研究生试题

一、设n为非负整数，证明：$x^2+x+1\mid x^{n+2}+(x+1)^{2n+1}$.

二、计算行列式

$$\begin{vmatrix} x & a & a & \cdots & a & a \\ -a & x & a & \cdots & a & a \\ -a & -a & x & \cdots & a & a \\ \vdots & \vdots & \vdots & & \vdots & \vdots \\ -a & -a & -a & \cdots & x & a \\ -a & -a & -a & \cdots & -a & x \end{vmatrix}.$$

三、向量组$\boldsymbol{\alpha}_1,\boldsymbol{\alpha}_2,\cdots,\boldsymbol{\alpha}_s$线性相关的充分必要条件是至少存在一个$\boldsymbol{\alpha}_i,1<i\leqslant s$,使$\boldsymbol{\alpha}_i$被$\boldsymbol{\alpha}_1,\boldsymbol{\alpha}_2,\cdots,\boldsymbol{\alpha}_{i-1}$ $(\boldsymbol{\alpha}_1\neq\boldsymbol{0})$表出.

四、设$\boldsymbol{A}$是$m\times n$矩阵，证明：$\boldsymbol{A}$的行秩等于$\boldsymbol{A}$的列秩.

五、设 $\boldsymbol{A}$ 是 n 阶矩阵，证明：$(\boldsymbol{A}^*)^* = \begin{cases} |\boldsymbol{A}|^{n-2}\boldsymbol{A}, n>2 \\ \boldsymbol{A}, n=2 \end{cases}$.

六、设 $f(x_1,\cdots,x_n)$ 是一秩为 n 的二次型，证明：存在 R^n 的一个 $\frac{1}{2}(n-|s|)$ 维子空间 V_1（其中 s 为符号差数），使对任一 $(x_1,\cdots,x_n)\in V_1$，有 $f(x_1,x_2,\cdots,x_n)=0$.

七、$\boldsymbol{A},\boldsymbol{B}$ 为实对称矩阵，$\boldsymbol{B}$ 正定，$\boldsymbol{A}-\boldsymbol{B}$ 半正定，
证明：（1）$|\boldsymbol{A}-x\boldsymbol{B}|$ 的所有根 $x\geqslant 1$;（2）$|\boldsymbol{A}|\geqslant|\boldsymbol{B}|$.

八、设 A 是欧式空间的 V 的一个变换．证明：如果 A 保持内积不变，即对于 $\boldsymbol{\alpha},\boldsymbol{\beta}\in V$，$(A\boldsymbol{\alpha},A\boldsymbol{\beta})=(\boldsymbol{\alpha},\boldsymbol{\beta})$，那么它一定是线性的，因而它是正交变换．

2020 年西北大学攻读硕士学位研究生试题

一、已知 $x^4+x^3+x^2+x+1 \mid x^3f_1(x^5)+x^2f_2(x^5)+xf_3(x^5)+f_4(x^5)$.
证明：$(x-1)\mid f_i(x), i=1,2,3,4$, 其中 $f_i(x)$ 是实系数多项式.

二、设函数 $f(x)$ 是有理数域上的 n 次不可约多项式，证明：若函数 $f(x)$ 的某一根的倒数也是 $f(x)$ 的根，则 $f(x)$ 的每一根的倒数也是 $f(x)$ 的根.

三、求 n 阶行列式

$$\begin{vmatrix} x_1-m & x_2 & \cdots & x_n \\ x_1 & x_2-m & \cdots & x_n \\ \vdots & \vdots & & \vdots \\ x_1 & x_2 & \cdots & x_n-m \end{vmatrix}.$$

四、已知 a_{ij} 都是整数，证明：

$$\begin{vmatrix} a_{11}-\frac{1}{2} & a_{12} & \cdots & a_{1n} \\ a_{21} & a_{22}-\frac{1}{2} & \cdots & a_{2n} \\ \vdots & \vdots & & \vdots \\ a_{n1} & a_{n2} & \cdots & a_{nn}-\frac{1}{2} \end{vmatrix} \neq 0.$$

五、已知 $\boldsymbol{A}$ 是正定矩阵，证明：$\boldsymbol{A}^{-1}+\boldsymbol{A}^{*}$ 也是正定矩阵.

六、在 P^4 中，求由基 $\boldsymbol{\varepsilon}_1,\boldsymbol{\varepsilon}_2,\boldsymbol{\varepsilon}_3,\boldsymbol{\varepsilon}_4$ 到基 $\boldsymbol{\eta}_1,\boldsymbol{\eta}_2,\boldsymbol{\eta}_3,\boldsymbol{\eta}_4$ 的过渡矩阵，其中

$$\begin{cases}\boldsymbol{\varepsilon}_1=(1,2,-1,0)\\ \boldsymbol{\varepsilon}_2=(1,-1,1,1)\\ \boldsymbol{\varepsilon}_3=(-1,2,1,1)\\ \boldsymbol{\varepsilon}_4=(-1,-1,0,1)\end{cases},\qquad \begin{cases}\boldsymbol{\eta}_1=(1,2,-1,0)\\ \boldsymbol{\eta}_2=(1,2,-1,0)\\ \boldsymbol{\eta}_3=(1,2,-1,0)\\ \boldsymbol{\eta}_4=(1,2,-1,0)\end{cases},$$

求 $\boldsymbol{\xi}=(1,0,0,0)$ 在 $\boldsymbol{\varepsilon}_1,\boldsymbol{\varepsilon}_2,\boldsymbol{\varepsilon}_3,\boldsymbol{\varepsilon}_4$ 下的坐标.

七、已知 $\boldsymbol{\varepsilon}_1,\boldsymbol{\varepsilon}_2,\cdots,\boldsymbol{\varepsilon}_n$ 与 $\boldsymbol{\eta}_1,\boldsymbol{\eta}_2,\cdots,\boldsymbol{\eta}_n$ 是 n 维线性空间 V 的两组基，证明：

（1）在两组基上坐标完全相同的全体向量的集合 V_1 是 V 的子空间.

（2）$\dim V_1=n-r(\boldsymbol{E}-\boldsymbol{A})$，其中 $\boldsymbol{A}$ 是 $\boldsymbol{\varepsilon}_1,\boldsymbol{\varepsilon}_2,\cdots,\boldsymbol{\varepsilon}_n$ 到 $\boldsymbol{\eta}_1,\boldsymbol{\eta}_2,\cdots,\boldsymbol{\eta}_n$ 的过渡矩阵.

八、用正交线性替换化二次型为标准形：

$$f(x_1,x_2,x_3,x_4)=x_1^2+x_2^2+x_3^2+x_4^2-2x_1x_2+6x_1x_3-4x_1x_4-4x_2x_3-6x_2x_4-2x_3x_4.$$

九、已知 $\boldsymbol{A},\boldsymbol{B}$ 为 n 阶复数矩阵，$\boldsymbol{A}$ 的特征值各不相同，且 $\boldsymbol{AB}=\boldsymbol{BA}$，证明：

（1）$\boldsymbol{A}$ 的特征值为 $\boldsymbol{B}$ 的特征值.

（2）存在可逆矩阵 $\boldsymbol{C}$，使得 $\boldsymbol{C}^{-1}\boldsymbol{AC}$ 与 $\boldsymbol{C}^{-1}\boldsymbol{BC}$ 均为对角矩阵.

（3）$\boldsymbol{AB}$ 可对角化.

十、在 n 维欧氏空间中，$\boldsymbol{\alpha}_1,\boldsymbol{\alpha}_2,\cdots,\boldsymbol{\alpha}_n$ 与 $\boldsymbol{\beta}_1,\boldsymbol{\beta}_2,\cdots,\boldsymbol{\beta}_n$ 是两组不同向量，证明：若 $(\boldsymbol{\alpha}_i,\boldsymbol{\alpha}_j)=(\boldsymbol{\beta}_i,\boldsymbol{\beta}_j)(i,j=1,2,\cdots,m)$，则空间 $V_1=L(\boldsymbol{\alpha}_1,\boldsymbol{\alpha}_2,\cdots,\boldsymbol{\alpha}_m)$ 与 $V_2=L(\boldsymbol{\beta}_1,\boldsymbol{\beta}_2,\cdots,\boldsymbol{\beta}_m)$ 同构.

2018 年西北大学招收攻读硕士学位研究生试题

一、试证：若多项式 $f_1(x),f_2(x)$ 满足条件 $(x^2+x+1)\mid f_1(x^3)+xf_2(x^3)$，则 $(x-1)\mid f_1(x)$, $(x-1)\mid f_2(x)$.

二、计算行列式 $\begin{vmatrix} 1+x & 1 & 1 & 1 \\ 1 & 1-x & 1 & 1 \\ 1 & 1 & 1+y & 1 \\ 1 & 1 & 1 & 1-y \end{vmatrix}$.

三、讨论 a,b 为何值时，线性方程组 $\begin{cases} x_1+x_2+x_3+x_4=0 \\ x_2+2x_3+2x_4=1 \\ -x_2+(a-3)x_3-2x_4=b \\ 3x_1+2x_2+x_3+ax_4=-1 \end{cases}$ 无解，有唯一解或有无穷多解，并求出有无穷多解时的通解.

四、求可逆矩阵 $\boldsymbol{Q}$ 与 $\boldsymbol{P}$ 使得 $\boldsymbol{P}\begin{pmatrix} 1 & 0 & 1 & -1 \\ 0 & 3 & 1 & 4 \\ 2 & 7 & 6 & -1 \end{pmatrix}\boldsymbol{Q}=\begin{pmatrix} 1 & 0 & 0 & 0 \\ 0 & 1 & 0 & 0 \\ 0 & 0 & 1 & 0 \end{pmatrix}$.

五、二次型$\sum_{i=1}^{n}x_i^2+\sum_{1\leqslant i<j\leqslant n}x_ix_j$是否正定？为什么？

六、设V_1和V_2分别是数域P上的齐次线性方程组$\boldsymbol{AX}=\boldsymbol{0}$与$(\boldsymbol{A}-\boldsymbol{E})\boldsymbol{X}=\boldsymbol{0}$的解空间. 试证：如果$\boldsymbol{A}^{\mathrm{T}}=\boldsymbol{A}$，那么$n$维向量空间$P^n$是$V_1$与$V_2$的直和，亦即$P^n=V_1\oplus V_2$.

七、设$\boldsymbol{\varepsilon}_1,\boldsymbol{\varepsilon}_2,\boldsymbol{\varepsilon}_3,\boldsymbol{\varepsilon}_4$是 4 维线性空间$V$的一组基，线性变换$A$在这组基下的矩阵为

$$\boldsymbol{A}=\begin{pmatrix}5 & -2 & -4 & 3\\ 3 & -1 & -3 & 2\\ -3 & \frac{1}{2} & \frac{9}{2} & -\frac{5}{2}\\ -10 & 3 & 11 & -7\end{pmatrix}$$

（1）求线性变换A在基$\begin{matrix}\boldsymbol{\eta}_1=\boldsymbol{\varepsilon}_1+\boldsymbol{\varepsilon}_2+\boldsymbol{\varepsilon}_3+\boldsymbol{\varepsilon}_4,\\ \boldsymbol{\eta}_2=2\boldsymbol{\varepsilon}_1+3\boldsymbol{\varepsilon}_2+\boldsymbol{\varepsilon}_3,\\ \boldsymbol{\eta}_2=\boldsymbol{\varepsilon}_3,\\ \boldsymbol{\eta}_4=\boldsymbol{\varepsilon}_4\end{matrix}$下的矩阵；

（2）求线性变换A的特征值与特征向量；

（3）求一可逆矩阵$\boldsymbol{T}$，使$\boldsymbol{T}^{-1}\boldsymbol{AT}$为对角形.

八、设 $\boldsymbol{A}$ 是一个 $m\times n$ 是矩阵，$\boldsymbol{A}^{\mathrm{T}}$ 表示 $\boldsymbol{A}$ 的转置．试证:秩（$\boldsymbol{A}^{\mathrm{T}}\boldsymbol{A}$）=秩（$\boldsymbol{A}$）．

九、试证：如果向量组 $\boldsymbol{\alpha}_1,\boldsymbol{\alpha}_2,\cdots,\boldsymbol{\alpha}_m$ 线性无关，那么向量组 $\boldsymbol{\alpha}_1+\boldsymbol{\alpha}_2,\boldsymbol{\alpha}_2+\boldsymbol{\alpha}_3\cdots,\boldsymbol{\alpha}_{m-1}+\boldsymbol{\alpha}_m$，$\boldsymbol{\alpha}_m+\boldsymbol{\alpha}_1$ 当 m 为奇数时线性无关，当 m 为偶数时线性相关．

十、设 A 是有限维线性空间 V 的线性变换，W 是 V 的子空间，AW 表示由 W 中向量的像组成的子空间．证明:维（AW）+维 $(A^{-1}(\mathbf{0})\cap W)$=维（$W$）．

十一、设 $V_1,V_2,\cdots,V_s$ 是线性空间 V 的 s 个非平凡子空间，证明：V 中至少有一向量不属于 $V_1,V_2,\cdots,V_s$ 中任何一个．

十二、设 A 是欧氏空间 V 的一个变换．证明：如果 A 保持内积，即对于 $\boldsymbol{\alpha},\boldsymbol{\beta}\in V$，$(A\boldsymbol{\alpha},A\boldsymbol{\beta})=(\boldsymbol{\alpha},\boldsymbol{\beta})$，那么它一定是线性的，因而它是正交变换．

2019 年西安建筑科技大学攻读硕士学位研究生试题

一、填空题（每题 5 分，共 30 分）

（1）设 x_1,x_2,x_3 为 $f(x)=2x^3+x^2-3x+2$ 的根，则

$x_1^2x_2+x_1x_2^2+x_1^2x_3+x_1x_3^2+x_2^2x_3+x_2x_3^2=$________.

（2）设 $g(x)=(x-c)^2,f(x)=x^5-5qx+4r$, 则 $g(x)\mid f(x)$ 的条件是________.

（3）已知矩阵 $\boldsymbol{A}_{n\times n},\boldsymbol{A}^*$ 为矩阵 $\boldsymbol{A}$ 的伴随矩阵，则 $(\boldsymbol{A}^*)^*=$________.

（4）已知 $\boldsymbol{\varepsilon}_1=1,\boldsymbol{\varepsilon}_2=x,\boldsymbol{\varepsilon}_3=x^2$ 和 $\boldsymbol{\eta}_1=1,\boldsymbol{\eta}_2=1+x,\boldsymbol{\eta}_3=(1+x)^2$ 是线性空间 $P_3[x]$ 两组基，则由基 $\boldsymbol{\eta}_1,\boldsymbol{\eta}_2,\boldsymbol{\eta}_3$ 到基 $\boldsymbol{\varepsilon}_1,\boldsymbol{\varepsilon}_2,\boldsymbol{\varepsilon}_3$ 的过渡矩阵为________.

（5）已知方阵 $\boldsymbol{A}$ 满足 $\boldsymbol{A}^3+2\boldsymbol{A}^2-\boldsymbol{A}-3\boldsymbol{E}=\boldsymbol{0}$, 其中 $\boldsymbol{E}$ 为单位矩阵，则 $(\boldsymbol{A}+\boldsymbol{E})^{-1}=$________.

（6）二次型 $f(x_1,x_2,x_3)=(x_1+x_2)^2+(x_2-x_3)^2+(x_3+x_1)^2$ 的秩为________.

二、（10 分）计算 n 阶行列式 $D=\begin{vmatrix} 1+a_1 & 1 & 1 & \cdots & 1 & 1 \\ 1 & 1+a_2 & 1 & \cdots & 1 & 1 \\ 1 & 1 & 1+a_3 & \cdots & 1 & 1 \\ \vdots & \vdots & \vdots & & \vdots & \vdots \\ 1 & 1 & 1 & \cdots & 1+a_{n-1} & 1 \\ 1 & 1 & 1 & \cdots & 1 & 1+a_n \end{vmatrix}$, 其中 $a_1a_2\cdots a_n\neq 0$.

三、（15 分）设 $V_1=L(\boldsymbol{\alpha}_1,\boldsymbol{\alpha}_2,\boldsymbol{\alpha}_3),V_2=L(\boldsymbol{\beta}_1,\boldsymbol{\beta}_2)$, 求 $V_1\cap V_2,V_1+V_2$ 的基和维数，其中 $\boldsymbol{\alpha}_1=(2,-1,0,1),\boldsymbol{\alpha}_2=(-1,1,1,1),\boldsymbol{\alpha}_3=(0,1,2,3);\boldsymbol{\beta}_1=(1,0,1,2),\boldsymbol{\beta}_2=(-1,2,3,4,)$.

四、（15 分）求齐次线性方程组$\begin{cases}2x_1+x_2-x_3-x_4=0\\x_1+x_2-x_3=0\end{cases}$解空间（是$R^4$的子空间）的一组标准正交基，并将其扩充为$R^4$的标准正交基.

五、（15 分）设矩阵$\boldsymbol{A}$的伴随矩阵为$\boldsymbol{A}^*=\begin{pmatrix}1&0&0&0\\0&1&0&0\\1&0&1&0\\0&-3&0&8\end{pmatrix}$，且$\boldsymbol{A}^{-1}\boldsymbol{X}\boldsymbol{A}=2\boldsymbol{X}\boldsymbol{A}-3\boldsymbol{E}$，求矩阵$\boldsymbol{X}$.

六、(20 分) 设$M_2[F]$是数域F上一切二阶矩阵所组成的向量空间，对于$\begin{pmatrix}a&b\\c&d\end{pmatrix}\in M_2[F]$.

定义$\sigma\begin{pmatrix}a&b\\c&d\end{pmatrix}=\begin{pmatrix}2a-b&-3a\\3d&3c\end{pmatrix}$.

（1）证明σ是$M_2[F]$上的线性变换，并写出σ在基$\boldsymbol{E}_{11},\boldsymbol{E}_{12},\boldsymbol{E}_{21},\boldsymbol{E}_{22}$下的矩阵;

（2）求σ的特征根;

（3）求出$M_2[F]$的一个基，使σ在这个基下的矩阵是对角矩阵.

七、（15 分）设 $f_1(x), f_2(x), \cdots, f_m(x), g_1(x), g_2(x), \cdots, g_n(x) \in P[x]$, 证明：
$(f_1(x)\cdots f_m(x), g_1(x)\cdots g_n(x)) = 1 \Leftrightarrow (f_i(x), g_j(x)) = 1, i = 1,2,\cdots,m, j = 1,2,\cdots,n$.

八、（10 分）设整系数线性方程组为 $\sum_{j=1}^{n} a_{ij}x_j = b_i, i = 1,2,\cdots,n$. 证明对任意整数 $b_1, b_2, \cdots, b_n$ 都有整数解的充分必要条件是系数行列式 $\left|a_{ij}\right| = \pm 1$.

九、（20 分）设 σ 是数域 P 上线性空间 V 的线性变换，且 $\sigma^2 = \sigma$, 证明：
（1）$\sigma^{-1}(\mathbf{0}) = \{\boldsymbol{\alpha} - \sigma(\boldsymbol{\alpha}) \mid \boldsymbol{\alpha} \in V\}$; τ 是第二类正交变换，这样的正交变换称为镜面反射；

（2）$V = \sigma^{-1}(\mathbf{0}) \oplus \sigma(V)$;

（3）如果 τ 是 V 的线性变换，且 $\sigma^{-1}(\mathbf{0}), \sigma(V)$ 都是 τ 的不变子空间，则 $\sigma\tau = \tau\sigma$.

2018 年西安建筑科技大学攻读硕士学位研究生试题

一、（30 分）填空题

（1）假设 $f(x)=2x^3-3x^2+ax+b$ 除以 $x+1$ 的余数是 7，除以 $x-1$ 的余数是 5，则 $a=$________，$b=a=$________.

（2）设 x_1,x_2,x_3 是 3 次方程 $x^3+px+q=0$ 的三个根，则三阶行列式 $\begin{vmatrix} x_1 & x_2 & x_3 \\ x_3 & x_1 & x_2 \\ x_2 & x_3 & x_1 \end{vmatrix}=$________.

（3）若二次型 $2x_1^2+x_2^2+5x_3^2+2x_1x_2-2tx_1x_3+4x_2x_3$ 是正定的，则 t 的取值范围________.

（4）在三维空间 F^3 中，线性变换 T 满足：$T(x_1,x_2,x_3)=(2x_1-x_2,x_2+x_3,x_1)$，则 T 在基 $\boldsymbol{\varepsilon}_1=(1,0,0),\boldsymbol{\varepsilon}_2=(0,1,0),\boldsymbol{\varepsilon}_3=(0,0,1)$ 下的矩阵为________.

（5）设 $W=\left\{\boldsymbol{\alpha}=a_2e^xx^2+a_1e^xx+a_0e^x \mid a_2,a_1,a_0\in R\right\}$ 是实数域 R^3 的子空间，则其一组基为________.

（6）设 $\boldsymbol{A}$ 为正定矩阵，其特征值为 $\lambda_i,i=1,2,\cdots,n$，则其伴随矩阵 $\boldsymbol{A}^*$ 的特征值为________.

二、（15 分）计算 n 阶行列式 $\begin{pmatrix} x & -1 & 0 & \cdots & 0 & 0 \\ 0 & x & -1 & \cdots & 0 & 0 \\ 0 & 0 & x & \cdots & 0 & 0 \\ \vdots & \vdots & \vdots & & \vdots & \vdots \\ 0 & 0 & 0 & \cdots & x & -1 \\ a_n & a_{n-1} & a_{n-2} & \cdots & a_2 & a_1+x \end{pmatrix}$.

三、（10 分）线性方程组 $\begin{cases} x_1+x_2+x_3+x_4=0 \\ x_1+x_4=0 \end{cases}$ 的解空间为 V. 求（1）V 的基和维数；（2）$V^{\perp}$ 的基和维数.

四、（15 分）已知方程组 $\begin{cases} x_1 + 2x_3 = 1 \\ 2x_1 + x_2 + 5x_3 = 0 \\ 4x_1 + ax_3 = b \end{cases}$ 的通解为 $k\boldsymbol{\eta} + \boldsymbol{\xi}$, 其中 $\boldsymbol{\xi}$ 为方程组的一个特解，k 为任意常数．求（1）a,b 的值；（2）方程组的通解．

五、（20 分）设 $\boldsymbol{A} = \begin{pmatrix} a & b \\ c & d \end{pmatrix}$ 为数域 P 上的二阶方阵，定义 $P^{2\times2}$ 上的变换为

$$\sigma(\boldsymbol{A}) = \boldsymbol{AX} - \boldsymbol{XA}, \boldsymbol{X} \in P^{2\times2}$$

（1）证明 σ 为线性变换；（2）求 σ 在基 $\boldsymbol{E}_{11}, \boldsymbol{E}_{12}, \boldsymbol{E}_{21}, \boldsymbol{E}_{22}$ 下的矩阵；（3）证明 σ 必以 0 为特征值，并求出 0 作为 σ 的特征值的重数．

六、（20 分）设二次型 $f(x_1, x_2, x_3) = \boldsymbol{x}^{\mathrm{T}}\boldsymbol{A}\boldsymbol{x} = ax_1^2 + 2x_2^2 - 2x_3^2 + 2bx_1x_3, (b > 0)$，其中二次型的矩阵 $\boldsymbol{A}$ 的特征值之和为 1，特征值之积为–12．

（1）写出二次型的矩阵 $\boldsymbol{A}$；（2）求 a,b 的值；（3）利用正交变换将二次型 f 化为标准形，并写出所利用的正交变换进而对应的正交矩阵．

七、（15 分）设 $f(x) = af_1(x) + bg_1(x), g(x) = cf_1(x) + dg_1(x)$, 且 $\begin{vmatrix} a & b \\ c & d \end{vmatrix} \neq 0$．

证明：$(f(x), g(x)) = (f_1(x), g_1(x))$.

八、（10 分）设 $\boldsymbol{\alpha}_1,\boldsymbol{\alpha}_2,\cdots,\boldsymbol{\alpha}_n$ 是欧氏空间 V 的一组基，证明：

（1）如果 $\boldsymbol{\gamma}\in V$，使 $(\boldsymbol{\gamma},\boldsymbol{\alpha}_i)=0, i=1,2,\cdots,n$ 那么 $\boldsymbol{\gamma}=\mathbf{0}$;

（2）如果 $\boldsymbol{\gamma}_1,\boldsymbol{\gamma}_2\in V$ 对任一 $\boldsymbol{\alpha}\in V$ 有 $(\boldsymbol{\gamma}_1,\boldsymbol{\alpha})=(\boldsymbol{\gamma}_2,\boldsymbol{\alpha})$, 那么 $\boldsymbol{\gamma}_1=\boldsymbol{\gamma}_2$.

九、（15 分）设 $\boldsymbol{\alpha}_1,\boldsymbol{\alpha}_2,\cdots,\boldsymbol{\alpha}_r$ 是一组线性无关的向量，$\boldsymbol{\beta}_i=\sum_{j=1}^{r}a_{ij}\boldsymbol{\alpha}_j, i=1,2,\cdots,r$. 证明：$\boldsymbol{\beta}_1,\boldsymbol{\beta}_2,\cdots,\boldsymbol{\beta}_r$ 线性无关的充分必要条件是 $\begin{vmatrix} a_{11} & a_{12} & \cdots & a_{1r} \\ a_{21} & a_{22} & \cdots & a_{2r} \\ \vdots & \vdots & \vdots & \vdots \\ a_{r1} & a_{r2} & \cdots & a_{rr} \end{vmatrix}\neq 0.$

2019 年西安工程大学攻读硕士学位研究生试题

一、填空题（共 30 分，每小题 6 分）

1．4 阶行列式中含有因子 $a_{11}a_{23}$ 的项为________和________.

2．设 $\boldsymbol{A}$ 是 3 阶方阵，$|\boldsymbol{A}|=\dfrac{1}{3}$，则 $|\boldsymbol{A}^{-1}|=$________，$|3\boldsymbol{A}|=$________，$|\boldsymbol{A}^3|=$________.

3．若矩阵 $\boldsymbol{A}=\begin{pmatrix}-2&0&0\\2&x&2\\3&1&1\end{pmatrix}$ 与 $\boldsymbol{B}=\begin{pmatrix}-1&0&0\\0&2&0\\0&0&y\end{pmatrix}$ 相似，则 $x=$________，$y=$________.

4．设 $\boldsymbol{\alpha}_1,\boldsymbol{\alpha}_2,\boldsymbol{\alpha}_3$ 是 3 维欧氏空间的一组基，其度量矩阵为 $\boldsymbol{A}=\begin{pmatrix}1&-1&0\\-1&2&0\\0&0&3\end{pmatrix}$，向量 $\boldsymbol{\beta}=2\boldsymbol{\alpha}_1+3\boldsymbol{\alpha}_2-\boldsymbol{\alpha}_3$，则 $\|\boldsymbol{\beta}\|=$________.

5．若实对称阵 $\boldsymbol{A}$ 与 $\boldsymbol{B}=\begin{pmatrix}-3&0&0\\0&0&1\\0&1&0\end{pmatrix}$ 合同，则二次型 $\boldsymbol{X}^{\mathrm{T}}\boldsymbol{A}\boldsymbol{X}$ 的规范形为________.

二、（15 分）计算 n 阶行列式 $\begin{vmatrix}x_1-m&x_2&\cdots&x_n\\x_1&x_2-m&\cdots&x_n\\\vdots&\vdots&&\vdots\\x_1&x_2&\cdots&x_n-m\end{vmatrix}$.

三、（15 分）设向量组 $\boldsymbol{\alpha}_1,\boldsymbol{\alpha}_2,\boldsymbol{\alpha}_3$ 线性无关，$\boldsymbol{\beta}_1=\boldsymbol{\alpha}_1+\boldsymbol{\alpha}_2+2\boldsymbol{\alpha}_3,\boldsymbol{\beta}_2=\boldsymbol{\alpha}_1+3\boldsymbol{\alpha}_3,\boldsymbol{\beta}_3=\boldsymbol{\alpha}_2+4\boldsymbol{\alpha}_3$. 证明向量组 $\boldsymbol{\beta}_1,\boldsymbol{\beta}_2,\boldsymbol{\beta}_3$ 线性无关.

四、（15 分）设有非齐次线性方程组$\begin{cases} x_1+2x_2+x_3=1 \\ x_1+\lambda x_2+x_3=2 \\ x_1+2x_2+\lambda x_3=\lambda \end{cases}$ 问 λ 为何值时，此方程组（1）有唯一解；（2）无解；（3）无穷多解？并在有无穷多解时，求其通解．

五、（15 分）设 $\boldsymbol{A}$ 是一个 $n\times n$ 实矩阵，证明：$R(\boldsymbol{A})=R(\boldsymbol{A}^{\mathrm{T}}\boldsymbol{A}).R(\boldsymbol{A})$ 表示 $\boldsymbol{A}$ 的秩．

六、（15 分）设向量组 $\boldsymbol{\alpha}_1=(-1,-1,0,0),\boldsymbol{\alpha}_2=(1,2,1,-1),\boldsymbol{\beta}_1=(1,3,2,1),\boldsymbol{\beta}_2=(2,6,4,-1)$，令 $W_1=span(\boldsymbol{\alpha}_1,\boldsymbol{\alpha}_2),W_2=span(\boldsymbol{\beta}_1,\boldsymbol{\beta}_2)$，求 W_1+W_2 与 $W_1\cap W_2$ 的一个基与维数．

七、（15 分）求正交矩阵 $\boldsymbol{T}$，使 $\boldsymbol{T}^{-1}\boldsymbol{AT}$ 为对角矩阵．其中 $\boldsymbol{A}=\begin{pmatrix} 2 & -2 & 0 \\ -2 & 1 & -2 \\ 0 & -2 & 0 \end{pmatrix}$.

八、（15 分）用配方法将二次型 $f(x_1,x_2,x_3)=x_1^2+2x_2^2+7x_3^2+2x_1x_2+2x_1x_3+6x_2x_3$ 化为标准形，并写出相应的可逆线性变换.

九、（15 分）已知三阶实对称矩阵 $\boldsymbol{A}$ 的特征值为 $1,-1,0$, 其中 $\lambda_1=1$ 与 $\lambda_3=0$ 的特征向量分别是 $\boldsymbol{p}_1=(1,a,1)^{\mathrm{T}}$ 及 $\boldsymbol{p}_3=(a,a+1,1)^{\mathrm{T}}$. 求 a 与矩阵 $\boldsymbol{A}$.

2018 年西安工程大学攻读硕士学位研究生试题

一、填空题（共 30 分，每小题 6 分）

1．若 $(x-1)^2 \mid ax^4+bx^3+1$, 则 $a=$____________，$b=$____________.

2．已知三阶方阵 $\boldsymbol{A}$ 的特征值为 $1,2,-3$, 则 $\left|\boldsymbol{A}^*+3\boldsymbol{A}+2\boldsymbol{E}\right|=$____________.

3．已知 $\boldsymbol{A}=\begin{pmatrix} 2-a & 1 & 0 \\ 1 & 1 & -1 \\ 0 & -1 & a+3 \end{pmatrix}$ 是正定矩阵，则 a 应满足条件____________.

4．已知 $\boldsymbol{A}$ 为 n 阶正交阵，且 $|\boldsymbol{A}|<0$, 则 $|\boldsymbol{A}|=$____________.

5．在欧氏空间 R^4（标准内积）中，设 $\boldsymbol{\alpha}=(1,3,-2,1), \boldsymbol{\beta}=(3,-1,3,6)$, 则 $\boldsymbol{\alpha}$ 与 $\boldsymbol{\beta}$ 的夹角是____________.

二、（15 分）设向量组 $\boldsymbol{\alpha}_1,\boldsymbol{\alpha}_2,\cdots,\boldsymbol{\alpha}_m$ 线性无关，向量 $\boldsymbol{\alpha}_1,\boldsymbol{\alpha}_2,\cdots,\boldsymbol{\alpha}_m,\boldsymbol{\beta}$ 线性相关，则 $\boldsymbol{\beta}$ 可由 $\boldsymbol{\alpha}_1,\boldsymbol{\alpha}_2,\cdots,\boldsymbol{\alpha}_m$ 线性表示，且表示式是唯一的.

三、（15 分）若 $f'(x) \mid f(x), (f'(x)\neq 0)$, 证明：$n$ 次多项式 $f(x)$ 有 n 重根.

四、（15 分）设有非齐次线性方程组 $\begin{cases} (\lambda-1)x_1+x_2+x_3=-4 \\ x_1+(\lambda-1)x_2+x_3=3 \\ x_1+x_2+(\lambda-1)x_3=\lambda^2 \end{cases}$，问 λ 为何值时，此方程组

（1）有唯一解；（2）无解；（3）无穷多解？并在有无穷多解时，求其通解.

五、（15 分）设 $\boldsymbol{A}$ 是 $n\times n$ 实矩阵，证明：$R(\boldsymbol{A})=R(\boldsymbol{A}^{\mathrm{T}}\boldsymbol{A}).R(\boldsymbol{A})$ 表示 $\boldsymbol{A}$ 的秩.

六、（15 分）如果 V_1 和 V_2 是线性空间 V 的两个子空间，证明：
$\dim(V_1+V_2)=\dim(V_1)+\dim(V_2)-\dim(V_1\cap V_2)$，其中 $\dim(V)$ 表示线性空间 V 的维数.

七、（15 分）已知二次型 $f(x_1,x_2,x_3)=5x_1^2+5x_2^2+cx_3^2-2x_1x_2+6x_1x_3-6x_2x_3$ 的秩为 2.
（1）求参数 c;（2）求一正交线性变换．化二次型为标准形.

八、（15 分）设 $\boldsymbol{A}=\begin{pmatrix} 4 & 6 & 0 \\ -3 & -5 & 0 \\ -3 & -6 & 1 \end{pmatrix}$.

（1）求与 $\boldsymbol{A}$ 相似的对角矩阵；（2）相似变换矩阵 $\boldsymbol{P}$；（3）$\boldsymbol{A}^{100}$.

九、（15 分）设 $\boldsymbol{A}$ 是 n 级正定矩阵，$\boldsymbol{E}$ 是单位矩阵．证明：$|\boldsymbol{A}+2\boldsymbol{E}|>2^n$.

2020年长安大学攻读硕士学位研究生试题

一、填空题（共 30 分，每小题 5 分）

1．$x^4-4x^3+10x^2-12x+5=0$ 的全部有理根为________.

2．已知矩阵 $\boldsymbol{A},\boldsymbol{B}$ 相似，且 $\boldsymbol{B}$ 的特征值为 $-1,-1,1,2$, 则 $|3\boldsymbol{A}|=$________.

3．已知 $M(P)_{n\times n}$ 是 n 阶方阵全体，则由 $M(P)_{n\times n}$ 构成的线性空间的一组基为________.

4．已知 $\boldsymbol{\alpha}_1,\boldsymbol{\alpha}_2,\boldsymbol{\alpha}_3$ 是 R^3 的一组基，则基 $\boldsymbol{\alpha}_1,\frac{1}{2}\boldsymbol{\alpha}_2,\frac{1}{3}\boldsymbol{\alpha}_3$ 到基 $\boldsymbol{\alpha}_1+\boldsymbol{\alpha}_2,\boldsymbol{\alpha}_2+\boldsymbol{\alpha}_3,\boldsymbol{\alpha}_3+\boldsymbol{\alpha}_1$ 的过渡矩阵为________.

5．已知 $\boldsymbol{\alpha}\neq 0,\boldsymbol{\alpha}\in R^n$, 以 $\boldsymbol{\alpha}\boldsymbol{\alpha}'$ 为系数矩阵的齐次线性方程组的解空间的维数为________.

6．已知 $R=\begin{pmatrix}\cos\theta & -\sin\theta\\ \sin\theta & \cos\theta\end{pmatrix}$, 则 $R^n=$________.

二、（10 分）证明：若 $(f(x),g(x))=1$, 则 $(f(x)g(x),f(x)+g(x))=1$.

三、（10 分）解线性方程组 $\begin{cases}x_1+x_2=0\\ x_2+x_3=0\\ \quad\vdots\\ x_{n-1}+x_n=0\\ x_1+x_n=0\end{cases}$, 其中 $n>2$.

四、(20 分)用正交线性替换化二次型为标准形 $f(x_1,x_2,x_3)=x_1^2+2x_2^2+3x_3^2-4x_1x_2-4x_2x_3$.

五、(10 分)若矩阵 $\boldsymbol{A}$ 正定，则 $\boldsymbol{A}^{-1}$ 正定.

六、(15 分)设 V 是复数域上的 n 维线性空间，A 和 B 是 V 上的线性变换，且 $AB = BA$. 证明：

(1) 如果 λ_0 是 A 的一特征值，那么 V_{λ_0} 是 B 的不变子空间；

(2) A，B 至少有一个公共的特征向量.

七、(15 分)已知三阶矩阵 $\boldsymbol{A}=\begin{pmatrix} 4 & 5 & -2 \\ -2 & -2 & 1 \\ -1 & -1 & 1 \end{pmatrix}$. 求其不变因子、初等因子及若尔当标准形.

八、(20 分)已知

$$\begin{cases} x_1 + x_2 + x_3 + x_4 + x_5 = 1 \\ 3x_1 + 2x_2 + x_3 + x_4 - 3x_5 = a \\ x_2 + 2x_3 + 2x_4 + 6x_5 = 3 \\ 5x_1 + 4x_2 + 3x_3 + 3x_4 - x_5 = b \end{cases}.$$

问：a,b为何值时，方程组有解？在有解时，求出其解.

九、（20 分）设A是n维线性空间V的一个线性变换，证明以下命题等价.

（1）A是正交变换；

（2）对于$\boldsymbol{\alpha}\in V,|A\boldsymbol{\alpha}|=|\boldsymbol{\alpha}|$;

（3）如果$\boldsymbol{\varepsilon}_1,\boldsymbol{\varepsilon}_2,\cdots,\boldsymbol{\varepsilon}_n$是标准正交基，那么$A\boldsymbol{\varepsilon}_1,A\boldsymbol{\varepsilon}_2,\cdots,A\boldsymbol{\varepsilon}_n$也是标准正交基；

（4）A在任一组标准正交基下的矩阵是正交矩阵.